Modelos y simulaciones biológicas:

ecología y evolución.

Modelos y simulaciones biológicas: ecología y evolución.
Copyright © 2015 por Harold P. de Vladar y Roberto Cipriani.
Todos los derechos reservados.
Modelos y simulaciones biológicas: ecología y evolución.

Ilustración portada: Isidora Krstic
isidorakrstic.com

Diseño: Jean Pierre Felce

Primera Edición: Noviembre 2015
Copyright © 2015. Todos los derechos reservados.

Impreso por demanda.

ISBN-13:
978-1516867561

ISBN-10:
1516867564

Para mas información o consultas:

Harold.Vladar@parmenides-foundation.org

Modelos y simulaciones biológicas:

ecologíay evolución.

Editado por:

Harold P. de Vladar
Roberto Cipriani

Este volumen está dedicado a la memoria del Prof. Roldán Bermúdez, quien fue profesor, maestro, colega y amigo de muchos de nosotros.

Tabla de contenidos

Prólogo

Roberto Cipriani me pidió, muy generosamente, que prologara este libro. Digo muy generosamente, porque estoy retirado desde 2000 y mi actividad académica reducida a un mínimo. Sin embargo, creo que puedo opinar como un biólogo amateur, en el sentido original del término, quien se dedica a algo por que le gusta. Con esta salvedad, trataré de resaltar, en general, algunos avances en la genética que me ha tocado vivir y contemplar desde mis inicios como biólogo, en los sesenta, hasta hoy.

La concepción inicial del genoma era la de una entidad muy estable, cuyos elementos, los genes, que ocupaban un lugar bien definido en los cromosomas., muy raramente mutaban. El gen era una "caja negra", que posteriormente el avenimiento de la genética molecular y los estudios en procariotas transparentaron a una secuencia del ADN responsable de la codificación de una proteína. Los estudios posteriores en eucariotas detectaron otras características de los genes y el genoma. Los genes pueden cambiar de posición en los cromosomas y la definición del gen se torna más compleja: una proteína no es codificada necesariamente por una secuencia contigua de bases del ADN. También, las tasas de mutación pueden ser altas y pueden variar a lo largo de los ácidos nucleicos. Sin duda que es lícito decir que el genoma es una entidad molecular compleja y dinámica.

Otro hallazgo empírico que creo importante es la verificación de altas presiones de selección en las poblaciones. Esto implica que los modelos clásicos de selección, que suponían presiones selectivas bajas, son una aproximación pobre al comportamiento real de ellas. Igualmente, las altas tasas de mutación indican que será necesario reevaluar los equilibrios selección-mutación como una explicación de la mantención de la variación genética.

Los reportes de la herencia de caracteres adquiridos por mas de una generación, tema muy tabú durante mi carrera científica, parecen no violar el principio del flujo de la información genética de los ácidos nucleicos hacia la proteína, pero me parece que indica que los organismos son bastante "permeables" al ambiente; la concepción de una diferenciación muy nítida entre el ambiente y el genoma, que fue la que adquirí en mis años de aprendizaje universitario, creo que tendrá que ser revisada.

Finalmente, creo que los estudios que involucran a las interacciones genéticas múltiples, que muchas veces generan "diagramas de rueda", con rayos (las interacciones) y cubos (los genes), son un avance importante, consecuencia de las técnicas de secuenciación rápida y de la computación masiva. Sin duda, que la capacidad de evaluar las interacciones génicas en organismos en condiciones experimentales y ambientales definidas, le dan sustancia a la frase que repetía mi maestro en Chile, Brncic, y mis mentores de doctorado, Dobzhansky y Ayala: "se hereda un genoma, no genes (aislados)". En particular, creo que permitirá definiciones más estrictas y con más contenido biológico de la adecuación genética (el fitness) y su relación con el fenotipo, en último término el generador de las presiones selectivas.

Como coda, la aplicación de la secuenciación rápida en forma masiva a las poblaciones humanas para el análisis de la variación genética subyacente a enfermedades, fenotipos complejos, me hace sentirme realizado como genetista de poblaciones: todos los conceptos de la disciplina, ligamiento, correlaciones, endocruza, etc., que se utilizaban hasta hace poco en forma modesta y casi precaria, por falta de datos duros y poco poder computacional, se usan hoy por hoy de manera importante y rutinaria con resultados cada vez más satisfactorios. Lo mismo vale, por supuesto, para otros fenotipos, tanto en nuestra especie como en otras.

Moritz Benado
Santiago, Chile
2013

Prefacio

Cuando se acercaba el 150^{avo} aniversario de la publicación del trabajo seminal de C. R. Darwin, *El Origen de las Especies por Medio de la Selección Natural*, muy pocos académicos Venezolanos de la biología prestaban atención al hecho, y daba la impresión de que ignoraban cuán profundo fue el cambio del pensamiento científico y de nuestro entendimiento sobre la bio-logía después de la publicación de *El Origen*. Fue preocupante el que los estudiantes hayan mostrado tan poco interés y en ocasiones ni pudieron reconocer cuál fue la contribución central de Darwin, y mucho menos el porqué las matemáticas han sido la línea decisiva entre una idea y una teoría, en su correcto sentido científico y Popperiano.

Desde nuestro punto de vista este aparente desinterés tiene dos causas principales. Primeramente, la ecología y la evolución se fundamentan fuertemente en herramientas matemáticas, algorítmicas, y estadísticas. Frecuentemente, el entendimiento de procesos que se desarrollan en escalas evolutivas y ecológicas requieren de una comprensión de modelos que resumen los aspectos y las tendencias mas relevantes. Por tanto, las observaciones sobre ecología y evolución tienden a ser indirectas, y dependientes de métodos formales, los cuales tienden a causar cierta aversión en la mayoría de los estudiantes e investigadores.

La segunda causa radica en la revolución que la biología molecular ha tenido. Aunque esta ha revitalizado el interés en virtualmente todas las otras ramas de la biología, y los métodos experimentales parecen más accesibles a los jóvenes investigadores, a la vez que dan resultados directamente observables, esto ha conllevado a que las últimas generaciones de biólogos se hayan dedicado preferencialmente a esta moderna rama.

Estos dos factores han creado una cultura de pensamiento orientado al proceso "molecular", y ha resultado en que muchos biólogos han formado, o se han formado con, una impresión imprecisa de que los aspectos teóricos están más alejados de una realidad biológica.

Otra consecuencia es que el establecimiento de la biología molecular se ha favorecido en las universidades e institutos de investigación, a manera tal vez desventajosa para otras ramas más clásicas ya que ha competido con estas, en particular las que requieren de componentes formales y por tanto menos populares entre los estudiantes y académicos jóvenes.

Esto se ha reforzado puesto que el influjo de conocimientos en ecología y evolución, particularmente sus aspectos teóricos, han quedado pobremente representados en el profesorado, con lo cual ha quedado un vacío en otras áreas derivadas, pero que tienen un papel central incluso en la biología molecular, tales como la filogenética, genética cuantitativa, bioinformática, etc.

Sin embargo, y a pesar de estas tendencias, nuestra propia experiencia ha demostrado que en un selecto grupo se ha mantenido y hasta ha resurgido el interés en las generaciones más jóvenes por estudiar, comprender, e incluso desarrollar métodos formales y cuantitativos en diversas áreas de la biología, aún cuando la plataforma académica ha marginalidad la teoría.

Afortunadamente el sesgo molecular no ha sido total, ya que mundialmente se ha mantenido la tradición de emplear y enseñar algunos de estos métodos cuantitativos. Aunque en muchos casos el conocimiento se ha transmitido mediante aspectos o aplicaciones específicas, esto ha moldeado formas idiosincráticas de pensamiento que han sido estandartes para carreras exitosas.

Por tanto, nos dimos la tarea de generar una muestra de este potencial emergente, con la finalidad de apoyar el crecimiento de la biología teórica, y de romper con tabúes históricos y obsoletos. Para crear esta muestra, tratamos de reunir a los investigadores venezolanos de todos los niveles, desde estudiantes hasta profesores eméritos, y que estuviesen dedicados a, o interesados en la ecología y evolución, para crear un compendio de trabajos originales que mostrasen que hay no solo interés sino también determinación en llenar este nicho. Aunque logramos reunir solo una fracción de estos investigadores, estamos satisfechos en que hemos cubierto una gama respetable de tópicos relevantes en ecología y evolución.

Nuestro objetivo con este libro es que los trabajos sean no solo contribuciones originales como si fuesen una publicación convencional. Más bien, intentamos que los capítulos sirvan como introducción, motivación y referencia a temas clave de ecología y evolución, orientados a estudiantes de alto nivel, pero que a la vez tengan un contenido técnico y conceptual de avanzada de modo que también aporten al conocimiento general de estas áreas.

Todos los capítulos del libro han sido endosados por el proceso de revisión: al menos dos (y a veces hasta cuatro) árbitros internacionales revisaron y comentaron cada uno de los artículos. De este modo hemos asegurado que el contenido y los nuevos resultados presentados en cada capítulo son fehacientes, y que se adaptan al status quo de la teoría de ecología y evolución.

Los primeros capítulos se enfocan en aspectos de la ecología evolutiva; aunque en un enfoque si se quiere clásico, abordan preguntas fundamentales que son aún controversiales y vigentes. Los tres capítulos que le siguen tienen un enfoque en la estructura espacial de las poblaciones y en las interacciones, e incorporan un componente que han estado en boga en la última década: redes. Los últimos dos artículos toman una visión un poco más mecanística: los fundamentos genéticos de la evolución. Se estudian consecuencias de la selección sobre varios rasgos poligénicos, con lo cual se formula una teoría de pleiotropía. El artículo de Escuela y Ochoa, aunque deja atrás la conexión ecológica, resalta que los procesos heurísticos de algoritmos genéticos son equivalentes al proceso evolutivo como tal, pero basado en gramáticas formales, que de por sí, constituyen una herramienta alternativa para entender sistemas evolutivos.

Para reivindicar la biología molecular, en particular la genética, quisiéramos recordar que esta ha revitalizado muchos aspectos de la biología; la revolución del ADN ha cambiado nuestro entendimiento de la biología evolutiva, ecología, filogenia y sistemática, y tantas otras áreas relacionadas. Afortunadamente el círculo se ha cerrado ya que este entendimiento teórico ha sido también un componente central de la cuantificación y el entendimiento de los procesos moleculares, y los avances más recientes de los métodos y de la comprensión de la biología molecular ha sido posible gracias a el entendimiento de conceptos evolutivos y del pensamiento "poblacional": son las poblaciones, no las moléculas, las que evolucionan.

Editar este libro ha sido una empresa bastante laboriosa. Con la finalidad de mantener costos al mínimo, decidimos realizar el proceso de edición nosotros mismos, en vez de servir solamente como editores gerentes y ocuparnos solo del contenido científico; esto hubiera sido más eficiente aceptando las ofertas de editoriales prestigiosas que hubieran hecho el trabajo en unas cuantas semanas, pero que hubieran elevado el costo del libro. En vez, decidimos tomar el proceso editorial nosotros mismos, aunque dilatara la publicación, y optar por impresión bajo demanda y versiones electrónicas.

De modo que nos hemos dedicamos desde la conceptualización de la idea, el reclutamiento de los autores, la gerencia del proceso de revisión, la redacción de los artículos finales, el diseño y arte final de los capítulos y del libro, los registros y burocracias, las órdenes de impresión, la divulgación, etc. Todo estuvo enteramente en manos de nosotros, y lo hemos hecho como actividad paralela a nuestras responsabilidades académicas y científicas, y sin un financiamiento específico para esta labor.

El completar este volumen fue un compromiso con nuestros colegas y con la ciencia. Esperamos que sea de utilidad para la comunidad de hispanoparlantes, y en particular que sirva para romper el hielo en los estudiantes e investigadores jóvenes: la generación de relevo y el futuro de nuestro entendimiento de procesos ecológicos y evolutivos.

Harold P. de Vladar
Center for the Conceptual
Foundations of Science,
Parmenides Foundation.
Pullach, Alemania.

Roberto Cipriani
Analista Estadístico en Mylife.com
Los Angeles, EEUU
y Department of Biological Science,
California State University.
Fullerton, EEUU.

2015

Revisores

Cada capítulo de este libro fue revisado anónimamente por al menos dos árbitros de trayectoria internacional adscritos a una de las siguientes instituciones científicas:

- Evolutionary Genetics. IST Austria. Klosterneuburg, Austria.

- Departamento de Biologia Animal, Universidade Estadual de Campinas. Sao Paulo, Brasil.

- Centro Nacional del Medio Ambiente, Fundación de la Universidad de Chile. Santiago, Chile.

- Departamento de Ecología. Pontifica Universidad Católica de Chile. Santiago, Chile.

- Departamento de Ecología Funcional y Evolutiva, Estación Experimental de Zonas Áridas (CSIC). Almería, España.

- Departamento de Genética y Microbiología, Universidad Autónoma de Barcelona. Barcelona, España.

- Departamento de Matemáticas, Universidad Autónoma de Barcelona. Barcelona, España.

- Instituto de Biología Evolutiva. Universidad Pompeu Fabra. Barcelona, España.

- Departamento de Estadística. Universidad Carlos III de Madrid. Madrid, España.

- Instituto Mediterráneo de Estudios Avanzados. Mallorca, España.

- Departamento de Biología de Organismos y Sistemas, Universidad de Oviedo. Oviedo, España.

- Instituto Cavanilles de Biodiversidad y Biología Evolutiva, Universidad de Valencia. Valencia, España.

- Institute of Marine Science. The University of Texas at Austin. Texas, Estados Unidos de América.

- Instituto de Ciencias Físicas, Universidad Nacional Autónoma de México. Cuernavaca, México.

- Community and Conservation Ecology Group, Universidad de Groningen. Groningen, Países Bajos.

- Institute of Zoology, Universität Basel. Basilea, Suiza.

- Centro de Diagnóstico Las Mercedes. Caracas, Venezuela.

- Centro de Física Molecular y Médica, Universidad Central de Venezuela. Caracas, Venezuela.

- Instituto de Zoología y Ecología Tropical, Universidad Central de Venezuela. Caracas, Venezuela.

Modelos y simulaciones biológicas: ecología y evolución
Harold P. de Vladar y Roberto Cipriani. (eds.) 2015
Impreso por Createspace. ISBN-13: 978-1516867561 / ISBN-10: 1516867564
https://goo.gl/kVfvnu

Coexistencia, exclusión, extinción, o, de cómo la densodependencia y la heterogeneidad espacial promueven desenlaces dinámicos

Maria-Josefina Hernandez

> *'Sabe ¡oh señor! que la historia que voy a contarte es tan asombrosa, que si se escribiese con una aguja en el ángulo interior del ojo, sería motivo de reflexión para el que sabe reflexionar respetuosamente'. En este momento de su narración, Schehrazade vió aparecer la mañana, y calló discretamente.*
>
> *Las Mil y Una Noches*

Introducción

Son varios los procesos demográficos que se han convertido en foco de atención de los investigadores al reconocer que, cuando las abundancias poblacionales son bajas, sus efectos operan de manera diferente que cuando son altas. Las condiciones que enfrentan las poblaciones cuando hay pocos individuos, o cuando son muchos, pueden ser propicias, o no, para su desempeño demográfico. Por ejemplo, a bajas densidades las presiones de competencia por recurso son insignificantes, pero conseguir parejas puede ser un problema; a densidades altas los recursos limitan el crecimiento poblacional, pero las estrategias de defensa grupal se hacen eficaces. La dinámica de la población está también sujeta a los efectos de interacciones con otras especies dentro de la comunidad. Estos actúan a favor o en contra de su desempeño, dependiendo de la naturaleza beneficiosa o detrimental de la asociación. Y esta naturaleza puede variar entre bajas y altas densidades, como ocurre, por ejemplo, con las plantas y sus polinizadores: si son pocos no son suficientes, si son muchos los costos pueden aumentar desproporcionadamente, como podría ser el caso de insectos polinizadores cuyas larvas comen los frutos de la planta. Adicionalmente, las poblaciones ocupan espacios heterogéneos, donde otro conjunto de efectos densodependientes entra en acción. Cuando en una localidad las tasas de crecimiento poblacional son positivas, los excedentes pueden migrar y compensar déficits en ambientes con tasas negativas. Esto puede prevenir extinciones globales, o promover coexistencia regional, a pesar de que ocurran extinciones o exclusiones locales. Y todo puede depender de la escasez o abundancia de individuos en las poblaciones.

Entonces, el desenlace de dinámicas poblacionales (persistencia o extinción), y de las poblaciones que interactúan (coexistencia o exclusión), estará determinado por el balance de estos procesos, unos que se refuerzan, otros se contrarrestan, en tiempo y en espacio, modulado por efectos densodependientes propios de las bajas y las altas densidades poblacionales. El ensamblaje de esta variedad de enfoques dinámicos, con sus propiedades emergentes en el paso de niveles y escalas, son la base de este ensayo. Se hace énfasis en la contextualidad de los procesos densodependientes en las dinámicas de interacciones poblacionales, en escala metapoblacional y metacomunitaria. Como plataforma preliminar presento un recuento general de los diferentes enfoques y tipos de modelos desarrollados para analizar dinámicas espaciales; una revisión breve de estudios de dinámicas espaciales de interacciones poblacionales apoyados en estos modelos, y un repaso de algunos conceptos y procesos densodependientes. Todo confluye en la última sección donde estas tres tramas se entrelazan dinámicamente en el ámbito de cada tipo de asociación poblacional. Aunque todos estos tópicos tienen gran impacto y desarrollo en el escenario evolutivo, me referiré principalmente a los aspectos demográficos, a la escala de tiempo poblacional, a veces referida como escala ecológica.

Caja 1: Modelos clásicos de Levins y Lotka-Volterra.

(i) Modelo de metapoblaciones de Levins: presencia/ausencia, ocupado/desocupado.

$$\frac{dP}{dt} = cP(1-P) - eP, \text{ en equilibrio: } P* = 1 - \frac{e}{c}$$

P: fracción de parches ocupados; c: tasa de colonización, e: tasa de extinción, de parches.

(ii) Modelo genérico tipo Lotka-Volterra: Dos especies, interacción facultativa, densodependencia):

$$\frac{dN_1}{dt} = r_1 N_1 \left[1 - \frac{N_1}{K_1} + \alpha_{12}\frac{N_2}{K_1}\right] \; ; \; \frac{dN_2}{dt} = r_2 N_2 \left[1 - \frac{N_2}{K_2} + \alpha_{21}\frac{N_1}{K_2}\right]$$

N_i: densidad poblacional, r_i: tasa intrínseca de crecimiento, K_i: capacidad de carga, de especie i; α_{ij}: coeficiente, o $\alpha_{ij} \equiv f(N_i, N_j)$: función de interacción poblacional, $i, j = 1, 2$.
Mutualismo (+ +): $\alpha_{12}, \alpha_{21} > 0$; Competencia (− −): $\alpha_{12}, \alpha_{21} < 0$;
Víctima-explotador (+ −): $\alpha_{12} < 0, \alpha_{21} > 0$;
Interacción Variable (± ±): $\alpha_{12} \equiv f(N_1, N_2), \alpha_{21} \equiv f(N_1, N_2)$.

La escala espacial: una variedad de modelos

Modelo metapoblacional de Levins: el modelo clásico. El modelo original de Levins (1969, 1970) es la génesis del concepto y el término propio de la metapoblación como población de poblaciones; la dinámica en estudio no es la poblacional sino la de los parches que nacen y mueren por eventos de colonización y extinción. El modelo supone un gran número de poblaciones locales, en parches discretos, conectadas por tasas de migración. Se cuantifica sólo la fracción de parches ocupados y vacíos (presencia/ausencia); el tamaño de los parches y las densidades poblacionales son irrelevantes (Caja 1(i)). Las ecuaciones expresan la dinámica de colonización y extinción de parches (recambio) y la escala de tiempo de la dinámica local se supone mucho mayor que aquella de la dinámica metapoblacional. El modelo predice que para que una metapoblación persista, las recolonizaciones de parches desocupados deben ocurrir a una tasa suficientemente alta, de manera de compensar las extinciones locales. En otras palabras, existe un umbral de densidad de parches necesario para la persistencia de la metapoblación. De forma equivalente una metacomunidad es una comunidad de metapoblaciones (Gilpin y Hanski, 1991), o de comunidades (Wilson, 1992); estos modelos permiten estudiar dinámicas espaciales de poblaciones que interactúan en las localidades.

Variaciones al modelo clásico: modelos con estructura y modelos espacialmente explícitos. El modelo clásico de Levins es un modelo "sin estructura" y "espacialmente implícito", y sirve de marco para la incorporación de variaciones en aspectos espaciales.

El modelo metapoblacional sin estructura supone todos los parches iguales; la dinámica metapoblacional resulta de la relación entre tasas de extinción y colonización. En el modelo metapoblacional con estructura se considera que los parches se distinguen por alguna característica: tamaño, calidad del ambiente, etc., lo cual determina las tasas de colonización y extinción de estos. Estos modelos muestran que pueden existir equilibrios múltiples, y por lo tanto efectos umbrales drásticos: pequeños cambios ambientales pueden causar cambios enormes en los niveles de equilibrio de las especies; esto es relevante para diseñar planes de conservación o manejo de poblaciones (Gyllemberg et al., 1997; Shurin et al., 2004). La presencia de equilibrios múltiples se ha demostrado, por ejemplo, en metapoblaciones de la mariposa *Melitaea cinxiah* donde las tasas de migración son altas (Hanski et al., 1995).

El modelo metapoblacional espacialmente implícito supone que todas las poblaciones locales están igualmente conectadas. El modelo espacialmente explícito considera que la migración depende de la distancia entre parches. En esta categoría se incluyen los llamados modelos de grilla, autómata celular, mapas acoplados, etc.; siendo los más comunes los parches en arreglos espaciales regulares en los que se registra sólo presencia-ausencia de especies (ocupado/desocupado) en cada celda (Hanski y Gilpin, 1997).

Modelos con dinámicas locales explícitas. Los modelos con dinámicas locales explícitas incorporan los procesos poblacionales de nacimiento, mortalidad, emigración e inmigración de individuos, dentro de cada parche, además de las interacciones entre poblaciones de celdas o parches cercanos. Estos modelos permiten estudiar las interacciones entre las dinámicas locales y las metapoblacionales (o regionales). Se considera, a diferencia del modelo clásico, que las dinámicas locales y las regionales operan a escalas comparables. Normalmente estos modelos consideran un número finito de parches, y con ellos se estudia el efecto de las migraciones sobre las dinámicas poblacionales locales, particularmente sobre la sincronización y estabilización de estas. La versión más elemental de este tipo de modelo son dos parches acoplados. En las Cajas 2 y 3 se presentan dos de estos modelos, y en la Caja 4 se definen categorías de heterogeneidad espacial y de migración.

Algunos modelos con dinámicas locales explícitas consideran que las poblaciones tienen mecanismos eficientes de regulación (dinámicas locales estables) de manera que no existen procesos de extinción y recolonización en los parches, sólo variaciones en sus dinámicas poblacionales internas moduladas por las migraciones. Otros modelos consideran dinámicas poblacionales locales inestables y se estudia cómo la existencia de procesos migratorios o de dispersión de individuos promueve la estabilidad de la metapoblación, a pesar de que ocurran eventos de extinción local. En

Caja 2: Modelo espacialmente explícito, con dinámicas locales explícitas: Arreglo de parches en grilla.

Arreglo espacial de n parches o celdas, tipo grilla regular, o autómata celular. Modelo discreto. N_t, P_t: densidades de especies en tiempo t, específicas para cada parche.

Entre t y $t+1$, para cada parche, se computan dos procesos:

a. Densidades poblacionales según dinámica poblacional intra e interespecífica, son funciones de ambas densidades en unidad de tiempo anterior:

$$N'_{t+1} = f(N_t, P_t) \quad P'_{t+1} = g(N_t, P_t)$$

b. Densidades poblacionales después del proceso de migración. Por ejemplo: si fracciones constantes, μ_N, μ_P, de cada especie N, P, migran desde cada celda y se reparten equitativamente a las ocho celdas vecinas (k), el modelo queda:

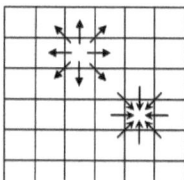

$$N_{t+1} = (1 - \mu_N)N'_{t+1} + \frac{1}{8}\mu_N \sum_k N'_{k,t+1}$$

$$P_{t+1} = (1 - \mu_P)P'_{t+1} + \frac{1}{8}\mu_P \sum_k P'_{k,t+1}$$

Las migraciones en los bordes pueden ser absorbentes (individuos desaparecen al cruzar el borde), periódicas (individuos que salen del espacio por un borde entran de nuevo por el borde opuesto) o reflectivas (individuos rebotan al chocar contra un borde).

Caja 3: Modelo espacialmente explícito, con dinámicas locales explícitas: Arreglo de dos parches.

Arreglo de dos parches, dos especies, dinámica local tipo Lotka-Volterra, migración denso-independiente y conservativa. Modelo en tiempo contínuo.

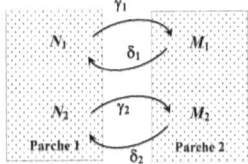

$$\frac{dN_1}{dt} = r_1 N_1 \left[1 - \frac{N_1}{K_1} + \alpha_{12} \frac{N_2}{K_1} \right] - \gamma_1 N_1 + \delta_1 M_1$$

$$\frac{dN_2}{dt} = r_2 N_2 \left[1 - \frac{N_2}{K_2} + \alpha_{21} \frac{N_1}{K_2} \right] - \gamma_2 N_2 + \delta_2 M_2$$

$$\frac{dM_1}{dt} = S_1 M_1 \left[1 - \frac{M_1}{L_1} + \beta_{12} \frac{M_2}{L_1} \right] - \delta_1 M_1 + \gamma_1 N_1$$

$$\frac{dM_2}{dt} = S_2 M_2 \left[1 - \frac{M_2}{L_2} + \beta_{21} \frac{M_1}{L_2} \right] - \delta_2 M_2 + \gamma_2 N_2$$

Parche 1: $N_i, r_i, K_i, \alpha_{ij}$: como en (i). Parche 2: M_i: densidad poblacional, s_i: tasa intrínseca de crecimiento, L_i capacidad de carga, de especie i, β_{ij}: coeficiente o función de interacción poblacional; $i, j = 1, 2$. γ_i, δ_i: fracción de migración de individuos del spi del parche 1 al 2, y del parche 2 al 1, resp. (modificado de Hernandez, 2008).

Caja 4: Categorías definidas a través de los parámetros de los modelos.

Categorías de heterogeneidad espacial. La heterogeneidad espacial puede presentarse de dos maneras.

(i) Parches con ambientes iguales: la heterogeneidad espacial viene dada por discontinuidad entre los parches, es decir, son islas habitables dentro de una matriz no habitable;

(ii) parches con ambientes diferentes: los parches pueden ser contiguos y la heterogeneidad espacial la provee las diferencias ambientales entre parches, es decir, todos pueden ser habitables pero con diferencias de calidad. En los modelos de dinámica poblacional, los parámetros son la expresión de las condiciones ambientales, entonces, en parches con ambientes iguales los parámetros son iguales, de manera que los resultados demográficos locales, sin migración -soluciones de equilibrio, condiciones de estabilidad, etc.– serán idénticos para cada parche. En parches con ambientes diferentes, algunos parámetros varían, de manera que los desenlaces locales podrán ser distintos.

Categorías de migración. ¿Quiénes migran? Reconocemos dos categorías de migración entre parches de acuerdo a los siguientes criterios:

(i) migración determinada por la geografía: la dirección e intensidad de las migraciones están determinadas por características geográficas o espaciales del ambiente que contiene los parches; por ejemplo, corrientes de aire o agua, gradientes, barreras geográficas, corredores, etc.

(ii) Migración determinada por la especie: sólo algunas de las especies migran entre los parches, mientras que otras permanecen, debido a características intrínsecas a las especies involucradas; por ejemplo, en los casos de polinización solo el polinizador se dispersa, si las plantas no tienen estrategias de dispersión de semillas u otro.

los modelos con dinámicas locales explícitas también puede incorporarse estructura de parches, y pueden ser espacialmente implícitos o explícitos (Hanski y Gilpin, 1997).

Dinámicas espaciales de las interacciones poblacionales: un panorama general

La investigación de dinámicas espacio-temporales abarca los niveles propios de la ecología poblacional: una sola especie, interacciones entre dos especies, y entre varias especies (comunidades). Los estudios de una sola especie se orientan a migraciones entre parches que permiten la recolonización en áreas donde ha ocurrido extinción. En general, para una especie sola, la migración entre parches promueve la persistencia. Estas teorías tienen variedad de enfoques y aplicaciones en el ámbito ecológico. Se han utilizado en la toma de decisiones en epidemiología, una de las teorías de metapoblaciones más desarrolladas. Un individuo de una especie hospedera (un hospedador) es un parche de ambiente adecuado para un parásito, la infección es un evento de colonización, y la recuperación, o muerte del hospedador, es un evento de extinción. A partir de estos modelos pueden entenderse procesos y evaluarse medidas específicas para el control de enfermedades infecciosas (Anderson y May, 1991; Nee, 1994; Nee et al., 1997; Rodriguez y Torres-Sorando, 2001; Torres-Sorando y Rodriguez, 1997). En programas de conservación estos modelos se pueden utilizar para estimar la cantidad de hábitat destruido que resultaría en la erradicación de una especie; y esta puede ser sorprendentemente pequeña (Hanski y Thomas, 1994; Lande, 1988). Wilbur (1996) estudia la dinámica espacio-temporal de una especie con ciclo de vida complejo en el cual los individuos ocupan secuencialmente ambientes diferentes.

En estudios de más de una especie (dinámica de metapoblaciones multi-específica), el énfasis ha sido en cómo la fragmentación del ambiente permite la estabilidad de sistemas biológicos que son inestables en parches aislados y su efecto sobre las condiciones de coexistencia, exclusión o extinción de las especies. Estudios empíricos y de campo revelan que algunas asociaciones depredador-presa, y de competencia, son estables debido a dinámicas metapoblacionales (Katz, 1985; Walde, 1991, 1994). Se observa que la interacción es inestable localmente, pero hay estabilidad y persistencia a escala regional. La teoría acompaña estas ideas: los modelos permiten concluir que la estructura espacial de la interacción facilita la coexistencia de las especies. Esta fue la idea que originalmente impulsó al desarrollo de estas teorías.

Para especies que interactúan se han desarrollado modelos metapoblacionales con dinámicas locales implícitas y explícitas. En el primer caso son extensiones del modelo de Levins en los cuales se incorporan relaciones de competencia, o de depredación, o de mutualismo. Se considera la dinámica de parches ocupados, o no; por una de las dos especies, o por las dos, y se estudian las condiciones de estabilidad metapoblacional dadas ciertas tasas de colonización y extinción, para diferentes arreglos espaciales. Las tasas a las cuales una especie coloniza otros parches, y las tasas de extinción locales, dependen principalmente de la presencia o ausencia de otras especies. Por lo general, hay al menos un equilibrio metapoblacional estable, de manera que las metapoblaciones persisten aunque haya extinciones locales (Nee y May, 1992; Nee et al., 1997) . Los modelos con dinámicas locales explícitas analizan la dinámica de la interacción poblacional dentro de los parches, y luego el efecto de las migraciones sobre estas dinámicas locales y sobre la metapoblación. Cuando los sistemas locales son estables, usualmente la metapoblación también lo es; aunque en interacciones depredador-presa o parasitismo, la dispersión muy asimétrica entre las especies puede ser desestabilizadora aún cuando localmente los sistemas sean estables (Neubert et al., 1995; Rohani et al., 1996). Otros estudios parten de situaciones de inestabilidad local, y examinan las condiciones que conducen a estabilidad a nivel metapoblacional. Los modelos predicen de manera general que la heterogeneidad espacial y la dispersión de las especies, aumenta la estabilidad y persistencia del sistema biológico, aunque un alto grado de migración puede conducir también a inestabilidad (Comins et al., 1992; Hanski y Zhang, 1993; Hassell et al., 1991a, 1994; Nee et al., 1997; Hassell, 2000).

Estos estudios proveen una plataforma para el análisis de redes ecológicas con dinámicas poblacionales explícitas, en ambientes heterogéneos; un tema de punta en este momento en la ecología teórica. La consideración de múltiples especies interactuando a todos los niveles tróficos introduce una gran complejidad en los modelos; surgen las interacciones indirectas entre las especies, y otras propiedades emergentes por el cambio de escala. Se estudian principalmente la persistencia y la diversidad de las redes. Se identifica la relevancia de los patrones de dispersión de las especies, en relación a su importancia dentro de la estructura comunitaria (si son especies clave, o depredadores tope), a su estatus trófico (si son depredadores, o presas, o competidores), y a su condición de especie generalista o especializada (mayor o menor número de conexiones). Los modelos nos muestran cómo la extinción de una especie clave, o un depredador tope, o una especie que es presa de depredadores especialistas, puede desencadenar la pérdida de muchas otras especies; y cómo este proceso es acelerado por la fragmentación del espacio. Excelentes revisiones de este tópico son las de Solé y Montoya (2006), y Amarasekare (2008). El estudio de las dinámicas espacio-temporales con interacciones poblacionales y dinámicas espaciales explícitas aumenta en complejidad a medida que se incorporan mayor cantidad de elementos en los modelos. Jansen y Lloyd (2000) proponen una metodología teórica que facilita el estudio de sistemas espaciales complejos, basándose en extrapolaciones de los resultados de sistemas más simples (sistemas desacoplados). Esto permite estudiar sistemas de k especies en n

parches, con dinámicas de interacción explícitas dentro de cada parche, y la interacción entre especies de otros parches, reduciendo enormemente el esfuerzo numérico. Es la expresión más general de un modelo espacial con estructura, multi-parche, multi-específico, que permite determinar si la configuración espacial en parches produce variación en las propiedades de estabilidad con respecto al sistema en ambiente homogéneo. Los autores demuestran esta metodología en sistemas depredador-presa; y en problemas epidemiológicos (Lloyd y Jansen, 2004), lo cual permite estudiar patrones de sincronía observados en brotes de enfermedades infantiles.

El desarrollo de estas teorías ha tenido un impacto importante en los estudios empíricos. Los modelos metapoblacionales muestran claramente que se requiere un estudio cuidadoso de tasas de colonización y extinción en el campo, y detalles de la fragmentación del ambiente. Experimentales u observacionales, los estudios empíricos deben tomar en cuenta los diferentes tipos de estructura metapoblacional, y quizá considerarlos como posibles hipótesis distintas (revisiones en Harrison y Taylor, 1997; Amarasekare, 2003).

Conceptos y procesos densodependientes, los fundamentos

En esta sección refrescamos brevemente los fundamentos de algunos conceptos y procesos densodependientes relevantes en la discusión de las dinámicas de interacciones poblacionales, metapoblacionales y metacomunitarias.

Efecto Allee. En su expresión más general, el efecto Allee se refiere a la disminución de tasas de crecimiento poblacional con al aumento de la densidad que ocurre en poblaciones pequeñas o escasas. Es una densodependencia positiva a densidades

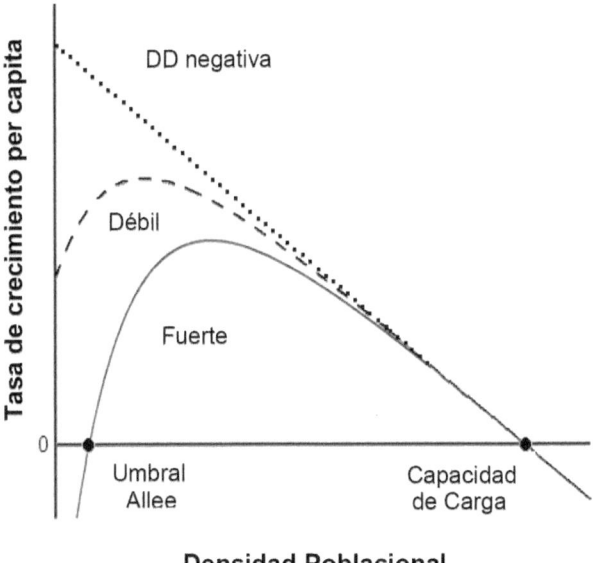

Figura 1: Relación de la tasa de crecimiento poblacional per capita con la densidad poblacional. La línea de puntos muestra una relación de densodependencia negativa a todas las densidades. La línea sólida y la línea de trazos muestran densodependencia positiva a bajas densidades: el efecto Allee; este puede ser débil o fuerte, en este último caso existe un umbral de densidad mínimo para el crecimiento poblacional.

poblacionales bajas, consecuencia de la importancia de procesos de cooperación intraespecífica en el desempeño de la población (Figura 1). Su contraparte, a altas densidades, es la densodependencia negativa, que ocurre por la aparición de competencia intraespecífica con el aumento de densidad.

Esta relación positiva con la densidad puede ocurrir a través de la disminución en la tasa reproductiva, o del aumento en la tasa de mortalidad, o ambos. Ocurre, por ejemplo, por la dificultad de encontrar pareja en poblaciones pequeñas, o por la ineficiencia de estrategias de defensa grupal ante depredadores cuando el grupo de

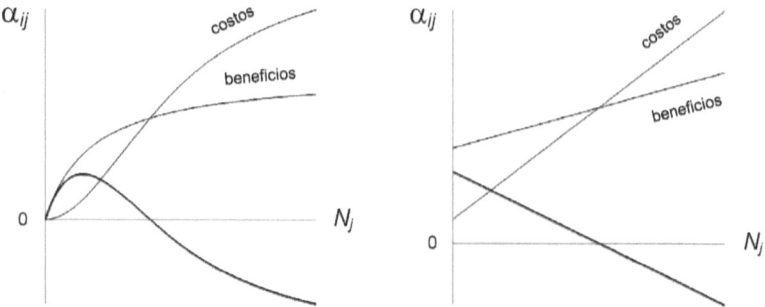

Figura 2: Dos ejemplos de Funciones de Interacción $\alpha_{ij} \equiv \alpha_{ij}(N_i, N_j; b_i, c_j)$(línea gruesa), que resultan del balance neto de los costos y beneficios densodependientes, para la especie i por interacción con especie j. En estos casos α_{ij} toma valores positivos para bajas densidades y negativos para altas. (A) $\alpha_{ij} = (b_i N_j - N_j^2)/(1 + c_i N_j^2)$. (B) $\alpha_{ij} = b_j - c_i N_j$, (modificado de Hernandez y Barradas, 2003).

presas es bajo. Cuando el efecto es fuerte, existe un umbral o densidad crítica poblacional por debajo de la cual la tasa de crecimiento se hace negativa y la población se extingue. Se han dado muchas definiciones, interpretaciones, y discusiones alrededor de este concepto desde que fue propuesto por W.C. Allee (1931) (revisiones por ejemplo en Berec et al., 2007; Courchamp et al., 1999, 2008; Lidicker, 2010). Lidicker (2010) conviene en que la definición más adecuada para el efecto Allee es la más sencilla: "son consecuencias demográficas de las acciones colectivas de influencias anti-reguladoras". A pesar de que el efecto Allee se define originalmente como un fenómeno intraespecífico, este se ha extendido de manera natural hacia el nivel de comunidades, con participación importante en la comprensión de procesos en ciertas interacciones poblacionales. De igual manera, como proceso densodependiente, ha encontrado cabida en el estudio de las dinámicas espaciales de estas comunidades.

Coeficientes y funciones de interacción densodependientes. El coeficiente de interacción, α_{ij}, en un modelo tipo Lotka-Volterra (Caja 1(ii)), representa la intensidad y la naturaleza (detrimental o beneficiosa) del tipo de interacción entre dos poblaciones; lo primero cuantificado por su valor absoluto, y lo segundo por su signo. En las ecuaciones, la presencia de la población asociada se hace explícita en el término que contiene α_{ij}; el signo de este coeficiente determina si la presencia de la especie j causa un aumento o una disminución en la tasa de crecimiento de la población i. A nivel individual, α_{ij} representa la manera como un individuo de la especie j experimenta la presencia de uno de la especie i.

En un ambiente densodependiente, tanto la intensidad como la naturaleza de la interacción pueden tener diferentes desenlaces. Esto ocurre cuando reconocemos que existen costos y beneficios para cada especie en una asociación, y que estos pueden variar con sus abundancias (Bronstein, 1994). El balance neto define una función de interacción $\alpha_{ij} \equiv \alpha_{ij}(N_i, N_j)$ que sustituye al coeficiente constante (Hernandez, 1998; Hernandez y Barradas, 2003). Dependiendo de la forma particular de variación de costos y beneficios con las densidades, esta función podrá tomar valores a lo largo del continuo de los negativos y los positivos, de manera que las interacciones entre las poblaciones variarán de manera correspondiente, pasando por diversidad de tipos y naturalezas (Figura 2). La interacción entre las especies en coexistencia quedará definida unívocamente como: mutualismo, o competencia, o depredación, etc. Esto permite representar, por ejemplo, casos de asociaciones que incluyen aspectos mutualistas y antagónicos, como la polinización, o la epibiosis, cuyo desenlace puede ser mutualismo o parasitismo dependiendo de las densidades poblacionales (Addicott y Bao, 1999; Duffy, 1990; Holland et al., 2002; Wahl y Hay, 1995); o los cambios de rol en la interacción, como las hormigas mutualistas de áfidos que cambian a depredadoras cuando estos son abundantes y cuando existen fuentes alternativas de néctar (Cushman y Addicott, 1991;

Del-Claro y Oliveira, 2000; Offenberg, 2001; Sakata, 1994), o el intercambio en roles depredador-presa entre langostas y caracoles marinos en islas surafricanas (Barkai y McQuaid, 1988). Se puede demostrar que en modelos tipo Lotka-Volterra (Caja 1(ii)) la magnitud y signo de α_{ij} para una configuración dada de N_i y N_j, determina unívocamente el tipo de interacción de las poblaciones en esas densidades (Hernandez, 2009).

Fuentes y sumideros, y el efecto rescate. Pulliam (1988, 1996) considera una metapoblación espacialmente subdividida en parches discretos o localidades. En cada uno de ellos tienen lugar procesos de nacimiento y muerte, inmigraciones y emigraciones de individuos. En una localidad fuente los nacimientos exceden las muertes y la emigración excede la inmigración; en una localidad sumidero ocurre lo contrario. También se asigna el término directamente a las poblaciones; así, en ausencia de dispersión, las poblaciones fuente son aquellas con tasas de crecimiento poblacional positiva, y las poblaciones sumidero tienen tasas de crecimiento poblacional negativa. Si no se permiten las migraciones entre ellos, las poblaciones sumidero declinan y se extinguen, y las poblaciones fuente crecen indefinidamente. Sin embargo, cuando el excedente de nacimientos en las localidades fuente emigra compensando el déficit en parches sumidero, se alcanza un equilibrio dinámico; el número neto de individuos en cada localidad, y por ende en la metapoblación, no cambia en el tiempo. Se han definido también poblaciones o localidades pseudo-sumideros (Watkinson y Sutherland, 1995; Pulliam, 1996); en estas las muertes exceden los nacimientos y la inmigración excede la emigración, pero a diferencia de un sumidero real, la población pseudo-sumidero mantiene una tasa de crecimiento positivo en ausencia de inmigraciones. Esto ocurre, por ejemplo, cuando se conectan dos localidades fuente con emigración desde el parche de mejor calidad ambiental a uno de menor calidad. En equilibrio el ambiente más rico alcanza una abundancia menor a la que alcanzaría sin migración, y el ambiente más pobre puede resultar sobrepoblado, en cuyo caso presenta un patrón equivalente al de un sumidero. Sin embargo, si la inmigración cesa, la población no se extingue sino que declina hasta un nivel más bajo en el cual se mantiene.

A través de los modelos de dinámicas fuente-sumidero, se estudia el efecto de migraciones entre estos tipos de parches sobre las dinámicas locales y sobre las regionales. Este enfoque puede además considerar específicamente que estas tasas de crecimiento positivas o negativas, de fuentes y sumideros, se refieren a las tasas de crecimiento a bajas densidades poblacionales, es decir, en ausencia de densodependencia intraespecífica (Hanski y Simberloff, 1997).

El efecto sobresaliente en las dinámicas fuente-sumidero es que la dispersión de individuos de poblaciones fuente puede rescatar de la extinción a las poblaciones sumidero, y también puede prevenir el crecimiento ilimitado en localidades fuente. Así, este efecto rescate (Brown y Kodric-Brown, 1977) proporciona el mecanismo para la persistencia de especies en ambientes espacialmente heterogéneos, o localidades poco favorables.

Coexistencia, exclusión y extinción: dinámicas locales explícitas y procesos densodependientes

Los conceptos y procesos densodependientes, definidos originalmente para dinámicas de una sola especie, se adaptan y reinterpretan para su incorporación en el estudio de interacciones poblacionales. Por ejemplo, una localidad puede ser fuente para una población y sumidero para la especie asociada. O, algunos efectos solo se manifiestan en presencia de más de una especie. En algunos casos de depredación y competencia, la coexistencia es posible debido a que la dispersión ofrece un efecto de refugio para la especie víctima o el competidor débil. Esto ocurre desde ambientes de baja intensidad de interacción a los de alta, modulado por diferencias en tamaños de parche o calidad de hábitat, o en las densidades del depredador o del competidor superior (Hassell et al., 1991a,b, 1994; Hochberg y Holt, 1995; Katz, 1985; Walde, 1991, 1994). Es claro que los tópicos expuestos en las secciones anteriores están fuertemente conectados, y que sus perspectivas pueden tomar giros diferentes cuando se consideran en conjunto. Habiendo mostrado que la literatura es vasta en estos temas, para esta sección he seleccionado solo un pequeño grupo de trabajos en los cuales confluyen estas ideas. A través de ellos podremos apreciar la contextualidad de los procesos densodependientes en dinámicas de poblaciones que interactúan, en ambientes heterogéneos.

Una grilla para víctimas y explotadores. Entre los modelos de dinámicas espacio-temporales con interacciones poblacionales y dinámicas espaciales explícitas se destaca el de interacciones parasitoide-hospedador de Hassell et al. (1991a), por las novedades que introduce en patrones espaciales de tipo grilla o malla regular (Caja 2). Este modelo supone el ambiente como un arreglo de celdas o parches rectangulares; dos procesos afectan la dinámica en cada generación. Primero, las poblaciones de hospedadores y parasitoides en cada parche interactúan de acuerdo al modelo discreto de depredador-presa de Nicholson y Bailey (1935):

$$N_{t+1} = \lambda N_t \exp(-aP_t), \qquad P_{t+1} = N_t \left[1 - \exp(-aP_t) \right],$$

donde N_t y P_t son los tamaños poblacionales de hospedadores y parasitoides en la generación t, respectivamente; λ es la progenie promedio producida por un hospedador no parasitado; a es una constante de proporcionalidad que mide la eficiencia de búsqueda del parasitoide. La forma de la ecuación del modelo para P_{t+1} implica que el parasitismo tiene un punto de saturación, es decir, los parasitoides cada vez encuentran menos hospedadores libres. El modelo supone que el patrón de búsqueda de los parasitoides es aleatorio e independiente. La dinámica resultante es inestable, con oscilaciones divergentes que en última instancia conducen a la extinción de ambas poblaciones. Segundo, hay una fase de dispersión en la cual una fracción fija de hospedadores (μ_N) y de parasitoides (μ_P) en cada parche se distribuye por igual entre los ocho parches más cercanos. Para diferentes conjuntos de valores de los parámetros λ, μ_N y μ_P, este arreglo espacial estructurado arroja una variedad de resultados: desenlaces de persistencia y estabilidad regional, a pesar de las inestabilidades locales, así como la extinción global. La probabilidad de persistencia global aumenta con el tamaño y complejidad del arreglo espacial (mayor número de celdas), y disminuye a medida que los hospedadores se hacen más móviles (mayor μ_N). Cuando la interacción persiste resultan patrones espaciales dinámicos diferentes: ondas en espiral de densidades cambiantes de hospedadores y parasitoides (para valores medios de μ_N y μ_P), mallas cristalinas en densidades completamente estáticas (para valores muy bajos de μ_N y muy altos de μ_P), y variación puramente caótica (para valores bajos de μ_N y altos de μ_P) con un patrón de cambio espacialmente errático e impredecible. Los autores hacen énfasis en el hecho de que estos patrones espaciales complejos (que son estrictamente determinísticos) surgen aún cuando el ambiente en los diferentes parches es el mismo, es decir, son intrínsecamente generados por la interacción entre la dispersión local y la dinámica local.

Competidores en fuentes y sumideros. Según el modelo metapoblacional clásico si una especie es competitivamente superior en todos los parches (competencia asimétrica) y además es capaz de dispersarse, esta especie invade cada uno de los parches conduciendo a la extinción de la especie competidora inferior en toda la región. Sin embargo, si existen trueques entre las habilidades de competencia y dispersión en las especies, puede ocurrir coexistencia regional. Si sólo la especie competidora inferior se dispersa, o sólo esta tiene acceso a algunos parches, esta podrá colonizar y persistir en parches inicialmente vacíos. Se predice así, coexistencia a nivel regional, con las dos especies ocupando subespacios mutuamente excluyentes en la metapoblación. Aunque algunas evidencias empíricas apoyan estas ideas, numerosos estudios muestran que es también común encontrar situaciones en las que los competidores coexisten localmente, al menos en algunos de los parches del ambiente, junto a parches ocupados solo por una u otra especie. Motivados por estas evidencias Amarasekare y Nisbet (2001) desarrollan un modelo con un enfoque diferente, un modelo de dinámica fuente-sumidero para especies competidoras.

El modelo de Amarasekare y Nisbet (2001) es un modelo de competencia Lotka-Volterra para dos especies (sp1 y sp2), en dos parches, con dinámicas locales explícitas (Caja 3). Se estudian situaciones en las que cada especie es superior en unos parches e inferior en otros. Esto es resultado de diferencias en los parches, vía factores extrínsecos -microclima, disponibilidad de recursos, o intrínsecos -variabilidad genética, plasticidad fenotípica, reflejado en los parámetros del modelo; esto define la heterogeneidad espacial (Caja 4). Los autores investigan las condiciones bajo las cuales la existencia de trueques entre competencia y dispersión pueden conducir a coexistencia local de competidores superiores e inferiores, es decir, el enfoque central no es ahora si una habilidad superior para colonizar parches vacíos previene la exclusión regional, sino si una habilidad superior para inmigrar entre parches ocupados previene la exclusión local. Se estudian metódicamente todas las combinaciones posibles de dos aspectos: (1) habilidades competitivas, en: (a) ambiente homogéneo: en todos los parches la sp1 es competidora superior y la sp2 competidora inferior, (b) ambiente heterogéneo: la sp1 es competidora superior en un parche, la sp2 es competidora superior en el otro. (2) Habilidades dispersivas: (a) ninguna especie se dispersa, (b) sólo la competidora superior se dispersa, (c) sólo la competidora inferior se dispersa, (d) ambas se dispersan.

De forma muy resumida comento algunos resultados: en el ambiente homogéneo, si no hay dispersión de ninguna de las dos especies, los parches con la sp1 son sumideros para la sp2, previniendo la coexistencia local. Pero si la sp2 coloniza un parche vacío persiste en él porque la sp1 no migra, entonces habrá coexistencia regional con unos parches ocupados por la sp1 y otros por la sp2. Si sólo la sp2 se dispersa (trueque entre habilidades de competencia y dispersión) entonces los parches ocupados sólo por la sp2 son fuente para esta especie, es decir, actúan como parches refugio (efecto rescate) para la especie competidora inferior. Los parches ocupados por la sp1 pueden ser invadidos por la sp2 y coexistir dado que se cumplan ciertas relaciones entre los coeficientes de dispersión y los de competencia. Entonces, existe coexistencia regional, con algunos parches ocupados por ambas especies (coexistencia local) y otros ocupados sólo por sp2. Finalmente, si ambas especies tienen capacidad de dispersión, no existen parches refugio para la competidora inferior, quedando esta excluida por completo. En el ambiente heterogéneo, la coexistencia local no está determinada por mecanismos de trueque entre habilidades de competencia y dispersión como en el caso anterior. Si no hay dispersión, cada parche es sumidero para la especie inferior, es decir, cada especie ocupará sola el parche donde es superior, excluyendo a la otra (coexistencia regional, no local). Pero si hay dispersión de ambas, lo que determina la coexistencia local, y por ende, la regional, es la condición de concentración de la intensidad de la competencia intraespecífica en relación a la interespecífica. Esto lo definen a su vez los valores relativos de los coeficientes de interacción α_{ij} locales, y el promedio (aritmético) regional, llamémoslo α_{ij}^o, para cada especie. Es decir, a pesar de que cada especie es competidora superior en uno de los parches, sus coeficientes promedio determinan si alguna es competidora superior o inferior a escala regional. En principio, bajo cualquier caso es posible la coexistencia local; el resultado final está determinado por valores umbrales en los parámetros de dispersión y/o los coeficientes de competencia. Si ninguna es superior en promedio, cada especie puede invadir el parche donde la otra es superior, es decir, cada parche es fuente para la especie superior y sumidero para la inferior. Es interesante el caso en el cual hay efecto de prioridad global; es decir, cuando para ambas especies el coeficiente de interacción interespecífico global, α_{ij}^o, es menor que el intraespecífico, α_{ii}^o, condición equivalente a la de coexistencia estable en el modelo original de Lotka-Volterra. En este caso cada especie invade el parche donde es inferior en tanto se disperse, pero para ambas la tasa de dispersión tiene un valor umbral crítico que no debe superar; si estas condiciones no se cumplen hay exclusión global de la especie con menor valor umbral.

Recapitulando, en los casos de homogeneidad espacial en habilidades competitivas, se precisa la condición de trueque entre competencia y dispersión para que ocurra la coexistencia local; en los casos de heterogeneidad espacial el elemento determinante es la condición de concentración de la intensidad de la competencia intraespecífica en relación a la interespecífica, dado que hay dispersión. En un modelo similar Nguyen Ngoc et al. (2010) muestran adicionalmente que migraciones rápidas y asimétricas pueden llevar a la exclusión global del competidor superior.

Modelos clásicos para los mutualistas. Armstrong (1987) desarrolla un modelo metapoblacional para la interacción mutualista obligada entre planta y polinizador. Considera localidades de parches que pueden estar: desocupados, ocupados por plantas solamente, u ocupados por ambas especies mutualistas, y estudia las condiciones de coexistencia o exclusión en la localidad. Para esto utiliza un modelo clásico de ocupación/desocupación (Caja 1(i)), definiendo como variables la fracción de parches ocupados por plantas, y la fracción ocupada por plantas y polinizadores. Con base en este modelo metapoblacional Amarasekare (2004b) desarrolla un modelo metacomunitario, es decir, estudia la dinámica de un conjunto de estas localidades conectadas por dispersión. En el modelo se establecen dos condiciones: hay movilidad de una sola de las especies (siendo el caso de una planta y su polinizador, sólo este último se dispersa); y en la dinámica local existe efecto Allee, es decir, si dentro de una localidad la abundancia de parches con plantas y/o de polinizadores es muy baja las poblaciones decrecen y se extinguen -los polinizadores no pueden sobrevivir sin la planta, y la planta sola sobrevive pero no se reproduce sin el polinizador. Presento primero los resultados de la dinámica dentro de las localidades (Armstrong, 1987) y luego los de la metacomunidad (Amarasekare, 2004b).

Las soluciones estables del modelo a nivel de localidad son: (i) una solución única de extinción de ambas especies, (0,0); ó (ii) dos soluciones alternativas estables: (0,0) y coexistencia en mutualismo. La primera sucede cuando la tasa de colonización del polinizador es muy baja, ninguna especie persiste. El efecto Allee y el carácter obligatorio del mutualismo son los responsables de que la extinción sea una posibilidad. La segunda solución corresponde a una tasa de colonización mayor, existe un umbral de tasa de colonización del polinizador que permite la persistencia y coexistencia de las especies. Esto ocurre porque altas tasas de colonización del polinizador contrarrestan la fuerza del efecto Allee, es decir, reducen la abundancia de parches requerida para cambiar la naturaleza de la densodependencia de la tasa de crecimiento poblacional de positiva a negativa. Entonces, hay coexistencia estable posible en tanto la tasa de colonización del polinizador no sea muy baja, y las abundancias, tanto de la planta como del polinizador, excedan un valor umbral crítico (Armstrong, 1987). A nivel de metacomunidad, es decir, considerando un conjunto de localidades conectadas por dispersión del mutualista móvil, Amarasekare (2004b) analiza las condiciones de estabilidad en extinción o coexistencia bajo tres situaciones: (i) una localidad conectada al 'continente', (ii) dispersión de polinizadores que son 'excedentes' en localidades (no intervendrían de todas maneras en la dinámica local), y (iii) polinizadores 'reproductivos' (intervendrían en la dinámica local si no emigraran). Los resultados muestran que en las tres situaciones el efecto Allee se ve mitigado permitiendo que las especies aumenten desde bajas densidades, de manera que el desenlace puede ser de coexistencia global y/o local, bajo condiciones particulares a cada situación. En el caso (i) el equilibrio estable global de coexistencia está garantizado en tanto haya inmigración de polinizadores desde el continente. Esto sucede porque siendo la tasa de dispersión del polinizador independiente de su abundancia en la localidad, su tasa de crecimiento per capita es alta cuando la abundancia local es baja y viceversa; es decir, la densodependencia negativa inducida por la dispersión del polinizador contrarresta la densodependencia positiva a bajas densidades de planta y de polinizadores. En el caso (ii) la dinámica de fuente-sumidero puede permitir la persistencia local y global de la interacción mutualista, ya que puede ocurrir invasión y establecimiento de polinizadores en localidades vacías o que tienen tasas de crecimiento per capita negativas. En este caso se requiere heterogeneidad espacial en el ambiente, de manera que al menos una localidad tenga abundancias de planta y polinizadores por encima del umbral de acción del efecto Allee; y además, que la fracción de sobrevivientes que llega a la otra localidad exceda un valor umbral crítico. Por último, en el caso (iii) se predice la persistencia de la interacción planta-polinizador, en tanto la fracción que emigra tome valores entre un umbral crítico mínimo y uno máximo. Mucha emigración puede causar que la tasa de crecimiento per capita de la localidad fuente se haga negativa, lo cual resultaría en extinción de la interacción mutualista.

Del trabajo de Amarasekare (2004b) se concluye entonces, que el efecto de la dispersión sobre la reproducción local de comunidades fuente puede ser tanto promotor como obstaculizador de la persistencia de interacciones mutualistas en espacios fragmentados. En este modelo el umbral de extinción del efecto Allee surge como consecuencia directa de la interacción mutualista; es un umbral dinámico que depende de las interacciones locales y de la dispersión. Así, un aumento en la tasa de dispersión del mutualista que reduzca su abundancia por debajo de este valor crítico puede conducir a extinción a una comunidad que de otra manera sería viable. Esto significa que la dinámica de fuente-sumidero no garantiza la persistencia a largo plazo de las interacciones mutualistas sino que depende del balance entre el beneficio del efecto rescate de comunidades sumidero, y el costo de las comunidades fuente en términos de pérdida de potencial reproductivo. En otras palabras, tasas bajas de dispersión promueven la diversidad aumentando el beneficio a sumideros por un efecto rescate en relación a los costos reproductivos de las fuentes, mientras que altas tasas de dispersión implican una relación opuesta de costos y beneficios con un efecto adverso a la diversidad.

Efecto Allee en mutualismo y en competencia. Resulta interesante contrastar este resultado con los del modelo de Zhou et al. (2004) en el cual se estudia la dinámica metapoblacional (enfoque clásico) en una interacción de competencia con efecto Allee. Al igual que en el modelo de Amarasekare (2004b), para una localidad sola, este efecto de densodependencia positiva puede conducir a la extinción de la metapoblación cuando los niveles de ocupación son bajos. Los resultados del modelo de Zhou et al. (2004) predicen cuatro estados estables posibles: coexistencia a escala regional (cada especie ocupando parches diferentes), exclusión regional de una u otra especie, o extinción global de ambas; y el resultado final depende de la configuración inicial de ocupación de parches. Al igual que en el modelo de Amarasekare (2004b), si el efecto Allee es fuerte, puede ocurrir la extinción de ambas especies aún en ambientes que de otra manera permitirían la coexistencia regional; adicionalmente, una especie competidora inferior puede excluir a una competidora superior, aún cuando el efecto Allee sobre la inferior sea más fuerte, si los niveles de ocupación inicial de esta son suficientemente altos.

Interacciones variables, fuentes y sumideros variables. Las interacciones con desenlace variable o condicionado son asociaciones que pueden ser beneficiosas o detrimentales para las especies asociadas, dependiendo de factores como abundancias, edad o tamaño de los individuos, condiciones ambientales, etc. (Abrams, 1987; Bronstein, 1994; Thompson, 1988). El desenlace o tipo de interacción resultante puede variar a lo largo de un continuo de valores positivos y negativos, que dependen del balance neto de los costos y beneficios involucrados en la asociación para cada especie. Estas dinámicas han sido estudiadas con modelos matemáticos. El enfoque conceptual propuesto por Hernandez (1998), y Hernandez y Barradas (2003), incorpora funciones de interacción densodependientes, $\alpha_{ij} \equiv \alpha_{ij}(N_i, N_j)$, en un modelo tipo Lotka-Volterra (Caja 1(ii)). Los parámetros que modulan esta función de interacción (Figura 2) y las capacidades de carga (K_i, K_j), representan las condiciones ambientales locales para las poblaciones que interactúan. Para diferentes conjuntos de parámetros las mismas dos especies pueden coexistir bajo diferentes tipos de interacción, o una de las especies puede excluir a la otra y alcanzar su capacidad de carga. Puede existir un solo equilibrio estable global, o múltiples estados estables en iguales o diferentes tipos de interacción (fenómeno de histéresis, con posibles catástrofes cuspidales entre equilibrios estables alternativos). Otros modelos en la literatura reciente presentan enfoques y resultados equivalentes: Zhang (2003) estudia interacciones que transitan de competencia a mutualismo entre bajas y altas densidades poblacionales;Neuhauser y Fargione (2004) modelan la interacción micorriza-planta, cuyo desenlace entre mutualismo o parasitismo lo definen las densidades poblacionales y las condiciones ambientales; Holland y DeAngelis (2009), y Wang y DeAngelis (2011) incorporan respuestas funcionales consumidor-recurso densodependientes, de forma equivalente a los costos y beneficios en la asociación, permitiendo el desenlace variable.

El efecto de la heterogeneidad espacial en interacciones variables entre dos especies se ha estudiado con un modelo de dinámicas locales explícitas en dos parches (Hernandez, 2008)(Caja 3); utilizando la función α_{ij} de interacción lineal $\alpha_{ij} = b_i - c_i N_j$ (Figura 2). Se analizan cuatro casos que abarcan una variedad de condiciones ambientales y soluciones estables en los parches, sin migración (punto de partida). Esto es, combinaciones de: (1) coexistencia de las especies, o exclusión de una de ellas, (2) igual en ambos parches, o una solución en cada uno, o con intercambio de roles entre los parches, (3) soluciones estables únicas, o múltiples, y (4) parches con ambientes iguales, o diferentes. El foco de análisis es el efecto que tienen las migraciones (diferentes intensidades, dirección y especificidad; Caja 4) sobre: (i) variaciones en el desenlace de la interacción, y (ii) variaciones en el número de soluciones estables, por bifurcaciones o aniquilaciones de equilibrios. Resumo las tendencias generales: (i) Cuando se incorporan migraciones entre parches se observa que una víctima se puede convertir en mutualista o explotadora, una especie excluida puede invadir, y una buena competidora puede sobrepasar su propia capacidad de carga; esto ocurre cuando las migraciones implican un aumento proporcional de individuos de su misma especie en su localidad, bien sea por emigración o inmigración. Es decir, en este caso la heterogeneidad espacial y la dispersión favorecen el desempeño demográfico de la población, esto es, un 'efecto de promoción de la dispersión'. La situación inversa es también cierta: la dispersión es detrimental cuando involucra una disminución proporcional en la densidad local de la especie. (ii) Independientemente de cuál especie migre, en los parches que reciben las migraciones ocurren bifurcaciones de equilibrio, y en los parches que aportan las migraciones ocurren aniquilaciones; el número de soluciones de equilibrio aumenta o disminuye correspondientemente. Existen umbrales críticos inferiores y superiores de tasas de migración para la ocurrencia de bifurcaciones y aniquilaciones; es decir, no ocurren si las tasas son muy bajas o muy altas. Este resultado coincide con otros trabajos, por ejemplo, Gyllemberg y Hanski (1992); Hanski y Zhang (1993); Hanski et al. (1995) y Shurin et al. (2004).

Costos y beneficios en escala local y regional: dos dinámicas superpuestas. Ni la extinción ni el crecimiento ilimitado de las poblaciones son soluciones estables en este modelo, de manera que las localidades no se pueden definir estrictamente como fuentes o sumideros. No obstante, por sus propiedades dinámicas se considera que una localidad o población fuente es la que aporta migraciones que causan efecto de promoción de la dispersión, es decir, de forma equivalente al efecto rescate que previene la extinción. Las localidades o poblaciones que ven disminuido su desempeño se comportan como sumideros, o más precisamente, como pseudo-sumideros, sensu Watkinson y Sutherland (1995).

A escala local, sin migraciones, el desenlace de las interacciones variables es determinado por el balance de costos y beneficios densodependientes, a través de las funciones de interacción α_{ij}. La naturaleza misma de estas funciones provee una suerte de efecto rescate entre una población y otra, a bajas densidades toman valores positivos, lo cual redunda en un aumento en la tasa de crecimiento de la otra población; a altas densidades toman valores negativos, restringiendo el crecimiento ilimitado. El desenlace es de coexistencia como mutualistas, o como víctima-explotador. Para otros parámetros la solución local estable es la exclusión de una de las especies; una u otra dependiendo de las abundancias iniciales. En este caso las poblaciones se comportan como competidoras. A nivel regional, cuando se incorporan las migraciones, estos efectos se ven modulados por funciones de interacción globales, α_{ij}^{0}, obviamente también densodependientes, pero que responden a las abundancias metapoblacionales. Esto causa variaciones en los valores umbrales de densidad que delimitan los efectos beneficiosos (a bajas densidades) y detrimentales (a altas densidades) de la asociación, con desenlaces que pueden ser concordantes, o no, con los locales. Así, la dinámica regional se analiza con base en mecanismos y procesos equivalentes al modelo de competencia de Amarasekare y Nisbet (2001), con diferencias importantes por el hecho de que los coeficientes de interacción locales y globales en este último caso no son densodependientes sino constantes. En las interacciones variables, para la coexistencia regional estable no se requieren trueques entre habilidades de dispersión y competencia; tampoco se requieren fuentes externas fijas de individuos para que la invasión de una población sea estable y persista.

Por otra parte, a pesar de que la migración sea densoindependiente, se ha establecido que existen efectos densodependientes asociados a la dispersión per se. Para poblaciones sumidero con abundancia local baja, es beneficioso recibir individuos pues aumenta sus tasas de crecimiento (efecto rescate o efecto de promoción); no obstante, esto representa costos para las poblaciones fuente, por la pérdida de individuos reproductivos (Amarasekare, 2004a,b). Entonces, a nivel regional la dispersión incorpora relaciones de costo-beneficio sobre las tasas de crecimiento; las cuales en el contexto de las interacciones variables, pueden reforzar o contrarrestar el balance de costos-beneficios que ocurre a nivel local.

De este juego dinámico entre funciones α de interacción locales y globales, y balances de costos y beneficios locales y globales, surge un fenómeno interesante: así como el rol de víctima, explotador, mutualista, o competidor, de la especie, puede variar localmente; el rol de fuente o sumidero del parche también es dinámico y puede variar.

Recapitulación y comentarios finales

En el estudio de dinámicas espaciotemporales de interacciones poblacionales con el enfoque de fuentes y sumideros, se reconocen una variedad de procesos densodependientes asociados -efecto Allee, efecto rescate, coeficientes de interacción variables. Todos participan en el juego dinámico, con efectos que se apoyan o que se enfrentan, con mayor o menor preponderancia dependiendo del tipo de interacción, para determinar el desenlace de coexistencia, exclusión, o extinción, de las poblaciones involucradas. Para cada situación los conceptos y procesos encuentran interpretaciones y adaptaciones en su definición.

En los modelos de mutualismo -metapoblacional de Armstrong (1987) y metacomunitario de Amarasekare (2004b)- las localidades sumidero son aquellas en las que las densidades del polinizador y/o de la planta están por debajo del valor umbral crítico que permitiría la polinización y por ende la persistencia de las poblaciones (efecto Allee). La dispersión de polinizadores desde localidades fuente (por encima del umbral) a poblaciones sumidero previene la extinción local (efecto rescate). Sin embargo, un grado de dispersión muy alto puede causar la extinción de la metacomunidad por los costos asociados a la pérdida de individuos reproductivos de localidades fuente. Las variables en estudio en estos modelos son las fracciones de parches de un tipo y otro.

Los modelos con dinámicas locales explícitas permiten estudiar el desempeño de las poblaciones locales, y sus migraciones, en escalas de tiempo equivalentes; las variables en estudio son las abundancias. En el modelo metapoblacional de competencia de Amarasekare y Nisbet (2001) los parches con competidores superiores son sumidero para los competidores inferiores, los cuales se extinguen localmente. No obstante, parches ocupados por competidores inferiores solamente, o por ambos competidores en coexistencia, son fuente de competidores inferiores que emigran y rescatan poblaciones sumidero, permitiendo la coexistencia de las especies en localidades donde esto no sería posible. Cuando ambas especies se dispersan la coexistencia regional requiere que las intensidades de competencia interespecífica global sean menores que las intraespecíficas. El modelo, metapoblacional clásico, de Zhou et al. (2004) señala que la presencia de efecto Allee en la metapoblación de competidores puede causar la extinción de las especies, que de otra manera coexistirían.

En estos modelos de mutualismo y competencia, los resultados estables locales, sin migración, pueden ser de extinción o coexistencia. En el modelo metapoblacional de víctima-explotador de Hassell et al. (1991a) la coexistencia no es una solución estable local; ambas poblaciones tienen crecimiento indefinido que las lleva a extinción. Aunque no se utilizan estos conceptos en el trabajo original, desde el punto de vista de las dinámicas fuente-sumidero, estas localidades estarían definidas como fuentes para ambas poblaciones. La coexistencia regional ocurre por efecto rescate de los parches donde suceden extinciones locales.

Por el contrario, en el modelo metapoblacional de interacción variable o desenlace condicional (Hernandez, 2008) la extinción de especies no es una solución local estable. O bien las poblaciones coexisten, o alguna es excluida y la residente alcanza su capacidad de carga. Los desenlaces varían por el efecto de retroalimentación densodependiente de las funciones α_{ij} de interacción, el cual promueve el aumento de tasas de crecimiento a bajas densidades y regula las poblaciones a altas densidades. En la escala regional, el balance de costos y beneficios incluye además efectos densodependientes asociados a la dispersión y a los coeficientes α de interacción globales. Así, los desenlaces son dinámicos, no sólo en la condición de coexistencia o exclusión, y en el tipo de interacción poblacional, sino también en los roles de fuente y sumidero de las localidades. No sorprende que en el análisis de este modelo emerjan todos los procesos y mecanismos de los modelos de competencia, mutualismo y víctima-explotador. Las poblaciones con desenlaces variables se pasean por todas estas, respondiendo a las diferentes fuerzas densodependientes que operan sobre su desenlace en su ruta dinámica hacia la condición de estabilidad. En estos modelos de víctima-explotador y de interacciones variables, aunque sus localidades no se ajustan exactamente a las definiciones originales de fuentes y sumideros (Pulliam, 1988), las dinámicas globales responden a procesos y mecanismos equivalentes. Es posible analizarlos desde esa perspectiva ajustando y redefiniendo los conceptos, como los pseudo-sumideros de Watkinson y Sutherland (1995), o el efecto de promoción de la dispersión (Hernandez, 2008).

Agradecimientos. Mis agradecimientos van, en primer lugar, a Roberto Cipriani por tener la idea de hacer este libro y a Harold P. de Vladar por acompañarlo en la exigente tarea de la edición e impulsar la impresión final. Agradezco también a José M. Montoya por sus valiosos comentarios y sugerencias en la revisión de este capítulo (y por firmarla), y a un revisor anónimo; ambos contribuyeron a mejorar este trabajo. Deseo agradecer a mis compañeros del Laboratorio de Evolución y Ecología Teórica, al Instituto de Zoología y Ecología Tropical, a la Facultad de Ciencias, y al Consejo de Desarrollo Científico y Humanístico, de la Universidad Central de Venezuela, por su apoyo incondicional en la realización de nuestras tareas de investigación de cada día.

Referencias

Abrams, P. A. (1987). On classifying interactions between populations. *Oecologia*, 73(2):272–281.

Addicott, J. y Bao, T. (1999). Limiting the costs of mutualism: multiple modes of interaction between yuccas and yucca moths. *Proceedings of the Royal Society B*, 266(1415):197–202.

Allee, W. C. (1931). *Animal Aggregations, a Study in General Sociology*. Chicago University Press, Chicago.

Amarasekare, P. (2003). Competitive coexistence in spatially structured environments: a synthesis. *Ecology Letters*, 6(12):1109–1122.

Amarasekare, P. (2004a). The role of density-dependent dispersal in source-sink dynamics. *Journal of Theoretical Biology*, 226(2):159–168.

Amarasekare, P. (2004b). Spatial dynamics of mutualistic interactions. *Journal of Animal Ecology*, 73(1):128–142.

Amarasekare, P. (2008). Spatial dynamics of foodwebs. *Annual Review of Ecology, Evolution, and Systematics*, 39:479–500.

Amarasekare, P. y Nisbet, R. (2001). Spatial heterogeneity, source-sink dynamics, and the local coexistence of competing species. *American Naturalist*, 158(6):572–584.

Anderson, R. M. y May, R. M. (1991). *Infectious Diseases of Humans: Dynamics and Control*. Oxford University Press, Oxford.

Armstrong, R. (1987). A patch model of mutualism. *Journal of Theoretical Biology*, 125(2):243–246.

Barkai, A. y McQuaid, C. (1988). Predator-prey role reversal in a marine benthic ecosystem. *Science*, 242(4875):62–64.

Berec, L., Angulo, E., y Courchamp, F. (2007). Multiple allee effects and population management. *Trends in Ecology and Evolution*, 22(4):185–191.

Bronstein, J. (1994). Conditional outcomes in mutualistic interactions. *Trends in Ecology and Evolution*, 9(6):214–217.

Brown, J. y Kodric-Brown, A. (1977). Turnover rates in insular biogeography: effect of immigration on extinction. *Ecology*, 58(2):445–449.

Comins, H. N., Hassell, M. P., y May, R. M. (1992). The spatial dynamics of host-parasitoid systems. *Journal of Animal Ecology*, 61(3):735–748.

Courchamp, F., Berec, L., y Gascoigne, J. (2008). *Allee Effects in Ecology and Conservation*. Oxford University Press, Oxford.

Courchamp, F., Clutton-Brock, T., y Grenfell, B. (1999). Inverse density dependence and the allee effect. *Trends in Ecology and Evolution*, 14(10):405–410.

Cushman, J. y Addicott, J. (1991). Conditional interactions in ant-plant-herbivore mutualisms. En Huxley, C. y Cutler, D., editores, *Ant-Plant Interactions*, pp. 92–103, Oxford. Oxford University Press.

Del-Claro, K. y Oliveira, P. (2000). Conditional outcomes in a neotropical treehopper-ant association: temporal and species-specific variation in ant protection and homopteran fecundity. *Oecologia*, 124(2):156–165.

Duffy, J. (1990). Amphipods on seaweeds: partners or pests? *Oecologia*, 83(2):267–276.

Gilpin, M. y Hanski, I. A. (1991). *Metapopulation Dynamics: Empirical and Theoretical Investigations*. Academic Press, Londres.

Gyllemberg, M. y Hanski, I. A. (1992). Single-species metapopulation dynamics: a structured model. *Theoretical Population Biology*, 42(1):35–61.

Gyllemberg, M., Hanski, I. A., y Hastings, A. (1997). Structured population models. En Hanski, I. A. y Gilpin, M. E., editores, *Metapopulation Biology: Ecology, Genetics, and Evolution*, pp. 93–122. Academic Press, Londres.

Hanski, I., Pöyry, J., Pakkala, T., y Kuussaari, M. (1995). Multiple equilibria in metapopulation dynamics. *Nature*, 377(6550):618–621.

Hanski, I. y Simberloff, D. (1997). The metapopulation approach, its history, conceptual domain, and application to conservation,. En Hanski, I. y Gilpin, M., editores, *Metapopulation Biology: Ecology, Genetics, and Evolution*, pp. 5–26. Academic Press, Londres.

Hanski, I. y Thomas, C. (1994). Metapopulation dynamics and conservation: A spatially explicit model applied to butterflies. *Biological Conservation*, 68(2):167–180.

Hanski, I. y Zhang, D. (1993). Migration, metapopulation dynamics and fugitive coexistence. *Journal of Theoretical Biology*, 163(4):491–504.

Hanski, I. A. y Gilpin, M. E. (1997). *Metapopulation Biology: Ecology, Genetics, and Evolution*. Academic Press, Londres.

Harrison, S. y Taylor, A. (1997). Empirical evidence for metapopulation dynamics. En Hanski, I. A. y Gilpin, M. E., editores, *Metapopulation Biology: Ecology, Genetics, and Evolution*, pp. 27–42. Academic Press, Londres.

Hassell, M. (2000). *The Spatial and Temporal Dynamics of Host-Parasitoid Interactions*. Oxford University Press, Oxford.

Hassell, M., Comins, H., y May, R. (1991a). Spatial structure and chaos in insect population dynamics. *Nature*, 353(6341):255–258.

Hassell, M., Comins, H., y May, R. M. (1994). Species coexistence and self-organizing spatial dynamics. *Nature*, 370(6487):290–292.

Hassell, M., May, R., Pacala, S., y Chesson, P. (1991b). The persistence of host-parasitoid associations in patchy environments. *American Naturalist*, 138(3):568–583.

Hernandez, M. (1998). Dynamics of transitions between population interactions: a nonlinear interaction alpha-function defined. *Proceedings of the Royal Society B*, 265(1404):1433–1440.

Hernandez, M. y Barradas, I. (2003). Variation in the outcome of population interactions: bifurcations and catastrophes. *Journal of Mathematical Biology*, 46(6):571–594.

Hernandez, M. J. (2008). Spatiotemporal dynamics in variable population interactions with density-dependent interaction coefficients. *Ecological Modelling*, 214(1):3–16.

Hernandez, M. J. (2009). Disentangling nature, strength and stability issues in the characterization of population interactions. *Journal of Theoretical Biology*, 261(1):107–119.

Hochberg, M. y Holt, R. (1995). Refuge evolution and the population dynamics of coupled host-parasitoid associations. *Evolutionary Ecology*, 9(6):633–661.

Holland, J. N. y DeAngelis, D. L. (2009). Consumer-resource theory predicts dynamic transitions between outcomes of interspecific interactions. *Ecology Letters*, 12(12):1357–1366.

Holland, J. N., DeAngelis, D. L., y Bronstein, J. L. (2002). Population dynamics and mutualism: Functional responses of benefits and costs. *American Naturalist*, 159(3):231–244.

Jansen, V. y Lloyd, A. (2000). Local stability analysis of spatially homogeneous solutions of multi-patch systems. *Journal of Mathematical Biology*, 41(3):232–252.

Katz, C. (1985). A nonequilibrium marine predator-prey interaction. *Ecology*, 66(5):1426–1438.

Lande, R. (1988). Demographic models of the northern spotted owl (*Strix occidental caurina*). *Oecologia*, 75(4):601–607.

Levins, R. (1969). Some demographic and genetic consequences of environmental heterogeneity for biological control. *Bulletin of the Entomological Society of America*, 15:237–240.

Levins, R. (1970). Extinction. En Gerstenhaber, M., editor, *Some Mathematical Problems in Biology*. Providence: American Mathematical Society.

Lidicker, W. (2010). The allee effect: its history and future importance. *The Open Ecology Journal*, 3:71–82.

Lloyd, A. y Jansen, V. (2004). Spatiotemporal dynamics of epidemics: synchrony in metapopulation models. *Mathematical BioSciences*, 188(SI):1–16.

Nee, S. (1994). How populations persist. *Nature*, 367(6459):123–124.

Nee, S. y May, R. (1992). Dynamics of metapopulations: habitat destruction and competitive coexistence. *Journal of Animal Ecology*, 61(1):37–40.

Nee, S., May, R. M., y Hassell, M. P. (1997). Two-species metapopulation models. En Hanski, I. A. y Gilpin, M. E., editores, *Metapopulation Biology: Ecology, Genetics, and Evolution*, pp. 123–147. Academic Press, Londres.

Neubert, M., Kot, M., y Lewis, M. (1995). Dispersal and pattern formation in a discrete-time predator-prey model. *Theoretical Population Biology*, 48(1):7–43.

Neuhauser, C. y Fargione, J. (2004). A mutualisim-parasitism continuum model and its application to plant-mycorrhizae interactions. *Ecological Modelling*, 177(3–4):337–352.

Nguyen Ngoc, D., Bravo de la Parra, R., Zavala, M. A., y Auger, P. (2010). Competition and species coexistence in a metapopulation model: Can fast asymmetric migration reverse the outcome of competition in a homogeneous environment? *Journal of Theoretical Biology*, 266(2):256–263.

Nicholson, A. y Bailey, V. (1935). The balance of animal populations. *Proceedings of the Zoogical Society of London*, 3:551–598.

Offenberg, J. (2001). Balancing between mutualism and exploitation: the symbiotic interaction between lasius ants and aphids. *Behavioral Ecology and Sociobiology*, 49(4):304–310.

Pulliam, H. (1988). Sources, sinks, and population regulation. *American Naturalist*, 132(5):652–661.

Pulliam, H. (1996). Sources and sinks: empirical evidence and population consequences. En Rhodes, O., Chesser, R., y Smith, M., editores, *Population Dynamics in Ecological Space and Time*, pp. 45–96. Chicago University Press, Chicago.

Rodriguez, D. y Torres-Sorando, L. (2001). Models of infectious diseases in spatially heterogeneous environments. *Bulletin of Mathematical Biology*, 63(3):547–571.

Rohani, P., May, R., y Hassell, M. (1996). Metapopulations and equilibrium stability: The effects of spatial structure. *Journal of Theoretical Biology*, 181(2):97–109.

Sakata, H. (1994). How an ant decides to prey on or to attend aphids. *Researches on Population Ecology*, 36(1):45–51.

Shurin, J., Amarasekare, P., Chase, J., Holt, R., Hoopes, M., y Leibold, M. (2004). Alternative stable states and regional community structure. *Journal of Theoretical Biology*, 227(3):359–368.

Solé, R. V. y Montoya, J. M. (2006). Ecological network meltdown from habitat loss and fragmentation. En Pascual, M. y Dunne, J., editores, *Ecological Networks: Linking Structure to Dynamics in Food Webs*, pp. 305–323.

Thompson, J. (1988). Variation in interspecific interactions. *Annual Review of Ecology and Systematics*, 19:65–87.

Torres-Sorando, L. y Rodriguez, D. (1997). Models of spatio-temporal dynamics in malaria. *Ecological Modelling*, 104(2-3):231–240.

Wahl, M. y Hay, M. (1995). Associational resistance and shared doom: effects of epibiosis on herbivory. *Oecologia*, 102(3):329–340.

Walde, S. (1991). Patch dynamics of a phytophagous mite population: effect of number of sub-populations. *Ecology*, 72(5):1591–1598.

Walde, S. (1994). Inmigration and the dynamics of a predator-prey interaction in biological control. *Journal of Animal Ecology*, 63(2):337–346.

Wang, Y. y DeAngelis, D. L. (2011). Transitions of interaction outcomes in a uni-directional consumer-resource system. *Journal of Theoretical Biology*, 280(1):43–49.

Watkinson, A. y Sutherland, W. (1995). Sources, sinks and pseudo-sinks. *Journal of Animal Ecology*, 64(1):126–130.

Wilbur, H. (1996). Multistage life cycles. En Rhodes, O., Chesser, R., y Smith, M., editores, *Population Dynamics in Ecological Space and Time*, pp. 75–108. Chicago University Press, Chicago.

Wilson, D. (1992). Complex interactions in metacommunities, with implications for biodiversity and higher levels of selection. *Ecology*, 73(6):1984–2000.

Zhang, Z. (2003).   Mutualism or cooperation among competitors promotes coexistence and competitive ability. *Ecological Modelling*, 164(2–3):271–282.

Zhou, S., Liu, C., y Wang, G. (2004). The competitive dynamics of metapopulations subject to the allee-like effect. *Theoretical Population Biology*, 65(1):29–37.

Contacto

MJH: Laboratorio de Evolución y Ecología Teórica. Instituto de Zoología y Ecología Tropical. Facultad de Ciencias. Universidad Central de Venezuela. Caracas, Venezuela.

mariaj.hernandez@ciens.ucv.ve

Modelos y simulaciones biológicas: ecología y evolución
Harold P. de Vladar y Roberto Cipriani. (eds.) 2015
Impreso por Createspace. ISBN-13: 978-1516867561 / ISBN-IO: 1516867564
https://goo.gl/kVfvnu

Evolución conjunta de componentes de las biohistorias

Jesús Alberto León   *José Renato De Nóbrega*
María D. Torres-Alruiz

> *El único impedimento a un aumento continuo de la fertilidad en cada organismo parece ser, o bien el mayor gasto de energía y mayores riesgos experimentados por aquellos padres que producen progenie más numerosa, o bien los peligros padecidos por huevos y jóvenes muy numerosos pero de menor tamaño, y así menos vigorosos ...*
>
> Charles Darwin (1871)

Introducción

Robert MacArthur (1962), en una nota breve, señaló la posibilidad de que la selección natural (SN), al actuar en el seno de las poblaciones en expansión favoreciera capacidades individuales diferentes a las promovidas en poblaciones estacionarias. La productividad versus la eficiencia, respectivamente, fueron sugeridas por él como tales caracteres. Pero después (1967) al publicar junto con Edward Wilson su libro sobre Biogeografía de Islas, volvió sobre el tema, esta vez bajo la designación de selección r vs selección k, aludiendo a los parámetros del clásico modelo logístico de cambio poblacional.

Luego Erik Pianka (1970, 1976), alumno de MacArthur, intentó convertir la propuesta de su mentor en una teoría de historias de vida. Lo que hizo fue reunir todas las características que podrían aumentar la tasa intrínseca r en la ecuación demográfica de Lotka y presentarlas como típicas de las "estrategias r", es decir, las biohistorias preferidas por la selección r. Así, en poblaciones en régimen de permanente expansión (frecuentemente interrumpida por eventos exógenos y pronto retomada), los individuos tendrían muchos hijos pequeños, rápido desarrollo y vidas cortas. ¿Y en poblaciones estacionarias, cuáles rasgos favorecería la "selección k"? Pianka propone los caracteres contrarios a aquellos de los "estrategas r", como típicos de los "estrategas k". La inferencia, más que simple, es simplona. Pero ha tenido exitoso acceso a los textos de ecología y frecuentemente se la usa como guía de la investigación de campo. Y aunque son muchas las críticas que se le pueden enrostrar, tiene una virtud: pone de relieve que para comprender la evolución conjunta de esas constelaciones de rasgos que son las biohistorias hay que atender a dimensiones del ambiente capaces de influir como presiones selectivas sobre esos diferentes rasgos. Otras dimensiones ambientales -aparte de los niveles de densidad considerados en selección r vs k- han sido la incertidumbre y el stress.

Al mismo tiempo venía desarrollándose otro enfoque, heredero del trabajo de Lamont Cole (1954) y dominado por una idea básica, proveniente de Fisher (1930) y George Williams (1966): todo organismo confronta (por unidad de tiempo) un horizonte limitado de recursos y energía. Esto obliga a repartir ese monto limitado entre los diversos componentes significativos de la biohistoria. A esa noción central se le añade otra, adquirida directamente de Levins (1968) pero constituyente de toda la tradición darwiniana. Entender el formato adaptativo de cualquier biohistoria requiere establecer las conexiones entre sus componentes y la aptitud (traducción de *fitness* que más usamos, aunque sabemos que son frecuentes: adecuación, idoneidad, y eficacia darwiniana). Para ello, se optimiza (maximiza) la aptitud en el marco de las limitaciones antedichas, caracterizando las peculiaridades del ambiente selectivo mediante los parámetros incorporados en la función fitness. Así, se construyeron modelos discretos (Gadgil y Bossert 1970, Schaffer 1974, Charlesworth y León 1976) y continuos (León 1976) de biohistorias óptimas.

Ahora bien, ha sido característico de esta tradición teórica el ir contemplando uno a uno, por separado, los componentes de las biohistorias. Pueden verse al respecto los libros existentes (Roff 1992, Stearns 1992, Charlesworth 1994), estructurados de esa manera. Al hacerlo así, hacen caso omiso de la otra tradición, con sus enfoques abarcantes ("teorías frazadas" las llamó Brian Charlesworth 1994, p. 226).

En este artículo presentamos, en cambio, la optimización conjunta de dos variables energéticas: el esfuerzo reproductivo ε y el tamaño energético e asignado a cada descendiente (huevo, semilla, cría) que han sido tradicionalmente optimizadas por separado. Para tratar ambas variables de manera conjunta, empleamos dos métodos. En el primero (León y De Nóbrega 2000, De Nóbrega y León 2000), se optimiza simultáneamente ε y e, introduciendo una importante no-linealidad descuidada hasta ahora, en forma de costo reproductivo. Posteriormente, para examinar cuál dirección de cambio inducen en los óptimos, se perturban los parámetros que definen factores ambientales. En el segundo método (Torres-Alruiz 2002, no publicado), se acoplan las dos optimizaciones sin el costo reproductivo no-lineal considerado en la primera vía. En su lugar, se introduce denso-dependencia (DD) en la supervivencia del juvenil, como una función del tamaño e y se explora la modificación que esto genera en el tamaño óptimo del juvenil (e_{opt}) en comparación con su ausencia. Se consideran riesgos de mortalidad DD evitables e inevitables (*sensu* León 1983, 1988) y se encuentra que cuando la mortalidad DD es inevitable, no hay cambios en e_{opt}, pero si los factores de mortalidad DD son evitables, la selección DD ya no es mera selección k, se convierte en dependiente de las frecuencias y la optimización requiere buscar una estrategia estable (*sensu* Maynard Smith 1982) en un juego evolutivo. Aquí sí difiere $\hat{e}_{op}$ del obtenido sin DD, y además será función del esfuerzo reproductivo. Este trabajo es una síntesis modificada de resultados publicados en artículos previos (León y De Nóbrega 2000, De Nóbrega y León

2000) y otros no publicados (De Nóbrega 1983, De Nóbrega 1999, Torres-Alruiz 2002). Se añaden aspectos no considerados anteriormente.

Aunque la preocupación central de este capítulo es la reconciliación teórica (conceptos, modelos, enfoques) de las tradiciones antes mencionadas, a través de un tratamiento deliberadamente simple, no somos ajenos a la validación mediante ejemplos posibles, algunos de los cuales se irán presentando cuando parezca pertinente. Esto permitirá, además, volcar lo abstracto hacia los seres vivos y resaltar la importancia de la teoría.

Así mismo, conviene recordar aquí que los problemas de la teoría de biohistorias no se agotan en ella misma (que es de por sí uno de los núcleos básicos de la ecología evolutiva). Ilustramos esto con dos ejemplos que involucran precisamente los aspectos en que se centra este capítulo:

1) El clásico modelo Smith-Fretwell (1974) - que examinamos más adelante - predice un mismo tamaño óptimo de semilla para aquellas especies que coexistan en un mismo hábitat formando una comunidad. Pero al añadir competencia asimétrica entre las semillas (o plántulas) y aplicar la teoría de juegos evolutivos (como haremos en la segunda parte de este trabajo), Rees y Westoby (1997) predijeron variación de óptimos para este caso, abriendo el camino para comprender la estructura comunitaria desde la teoría de biohistorias. Leishman (2001) ha ahondado en esta temática para evaluar mecanismos que tiendan ese puente biohistorias-comunidades estudiando muy diversas comunidades vegetales. Dos asuntos, el trueque número-tamaño de semillas, y la competencia entre semillas, parecen ser de general importancia.

2) La explicación de la sostenida variación latitudinal del número y tamaño de los huevos ha intrigado siempre a ecólogos y biogeógrafos. Es un tema en la frontera de ambas disciplinas. Ya Lack (1954) advirtió el aumento en número de huevos (tamaño de la puesta) con la latitud, en pájaros. La búsqueda del porqué ha

continuado (p.e. Jarvinen 1986, Lima 1987). También en anfibios, mamíferos y peces se presenta el fenómeno, según han hecho notar Fleming y Gross (1990). Éstos, tras aludir - dando referencias - a otros organismos, se centran en el paradigmático caso del salmón del Pacífico. Al analizar 17 poblaciones distribuidas en un gradiente latitudinal en Norte América, encuentran lo siguiente: un aumento con la latitud del número de huevos (en cada desove), acompañado por la disminución del tamaño de cada huevo. Pero la biomasa total de huevos producida declina también. Así pues, la tendencia positiva de la camada no puede explicarse por un aumento de la inversión total en huevos. Fleming y Gross recurren entonces a la teoría de biohistorias. Usan el modelo Smith - Fretwell sin competencia asimétrica, ya que los juveniles se dispersan muy temprano. En el modelo tradicional sólo la curva S(e) determina el tamaño óptimo de huevo (ver nuestra sección 2.1). Así, el tamaño de huevo esperado es relativamente fijo en un dado ambiente, mientras que el número variará según la energía disponible. Pero al pasar de una a otra población, es la disminución de ese tamaño fijo lo que ocurre con el aumento de la latitud. Fleming y Gross sugieren el cambio latitudinal de la temperatura como factor determinante. La conversión del vitelo en tejido es poco eficiente a temperaturas altas (quizá por los costos de mantenimiento). Así, a estas temperaturas se requieren huevos más grandes, mientras que pueden ser más pequeños al bajar la temperatura (subir la latitud).

Modelo Básico Denso-Independiente. Definiremos nuestra función aptitud (R) como si se tratara de selección de organismos asexuales. Este supuesto ha prevalecido al usar optimización restringida por la simplicidad matemática y la facilidad interpretativa que permite. Sus resultados suelen ser cercanos a los casos sexuales. Y hay además una amplia gama de justificaciones de este proceder. Pueden verse al respecto el artículo de León y De Nóbrega (2000) y el libro de Charlesworth (1994), junto a las referencias allí señaladas.

Sea entonces un clon cuya biohistoria es bifásica: juveniles y adultos. La reproducción es discreta. En cada episodio reproductivo el adulto produce B hijos y es capaz de seguir vivo hasta el próximo episodio, con probabilidad P. Cada recién nacido tendrá posibilidad S de convertirse en adulto en un lapso equivalente al que media entre reproducciones del adulto. Así pues, el cambio en número de adultos (N) es gobernado por $N_{t+1} = RN_t$, siendo R el coeficiente de cambio (Charnov y Schaffer 1973). Esta R mide la aptitud (*fitness*) del clon:

$$R = BS + P \qquad (1)$$

En un ambiente denso-independiente y constante (que suponemos por ahora), la biohistoria favorecida por la selección natural será aquella cuya combinación de componentes (definidos por la ec. 1) la dota de máximo R.

Hay que definir ahora las variables energéticas. La energía total adquirida por el individuo adulto en el período que media entre episodios reproductivos es E. La fracción de E que se asigna a la reproducción, es el esfuerzo reproductivo ε. La fracción de E asignada a la supervivencia es el esfuerzo de supervivencia σ. Por definición, $\varepsilon + \sigma = 1$. La energía asignada a cada hijo es e, el tamaño energético de éste.

Para un dado nivel de energía por adulto, E, la fecundidad (B) será determinada por ε y e, siendo $B = B(\varepsilon, e; E)$. La fecundidad será función creciente de ε y decreciente de e, de modo que $\partial B / \partial \varepsilon > 0$ y $\partial B / \partial e < 0$. El parámetro ambiental E, determina la escala de posibles valores de B.

Las probabilidades de supervivencia del adulto (P), y de su prole (S), se desglosan en dos factores cada una, según los riesgos de mortalidad sean evitables o inevitables. Esta distinción, debida a León (1983, 1988), permite escribir cualquier supervivencia a riesgos evitables como función de la intensidad de éstos (m_o para juveniles, m_a para adultos) y de la respectiva energía invertida en defensa (σ para el adulto, e para el juvenil). Por el contrario, los agentes de mortalidad inevitables no pueden ser combatidos, no cabe inversión en defensa, y sólo cuentan las intensidades μ_o para juveniles y μ_a para el adulto. Así pues, tendremos: $S = s(e;m_o)\phi(\mu_o)$ para los juveniles y $P = p(\sigma;m_a,E)\pi(\mu_a)$ para los adultos, siendo las derivadas (recuérdese $\varepsilon + \sigma = 1$):

$$\left(\frac{\partial s}{\partial m_o}\right) < 0, \quad \left(\frac{\partial s}{\partial e}\right) > 0 \quad y \quad \left(\frac{\partial^2 s}{\partial e \partial m_o}\right) > 0$$

$$\left(\frac{\partial p}{\partial m_a}\right) < 0, \left(\frac{\partial p}{\partial \sigma}\right) > 0 \quad o \quad bien \quad \left(\frac{\partial p}{\partial \varepsilon}\right) < 0$$

y

$$\left(\frac{\partial^2 p}{\partial \sigma \partial m_a}\right) > 0 \quad o \quad bien \quad \left(\frac{\partial^2 p}{\partial \varepsilon \partial m_a}\right) < 0$$

Las derivadas mixtas positivas indican que la caída de las supervivencias (s ó p) debidas a la acentuación de los respectivos agentes de mortalidad (m_o ó m_a) es débil cuando la correspondiente inversión en defensa (e ó σ) es alta (defensa efectiva) pero se va hundiendo aprisa al mermar la defensa (ver Figura 1 en León y De Nóbrega 2000). Las condiciones de primer orden para obtener un máximo de R serán:

$$\frac{\partial R}{\partial \varepsilon} = \frac{\partial B}{\partial \varepsilon}s(e;m_o)\phi(\mu_o) + \frac{\partial p(\varepsilon;m_a,E)}{\partial \varepsilon}\pi(\mu_a) = 0 \qquad (2)$$

$$\frac{\partial R}{\partial e} = \frac{\partial B}{\partial e}s(e;m_o)\phi(\mu_o) + B(\varepsilon;e;E)\frac{\partial s(e;m_o)}{\partial e}\phi(\mu_o) = 0 \qquad (3)$$

Las condiciones de segundo orden requeridas para el máximo son:

$$\left(\frac{\partial^2 R}{\partial \varepsilon^2}\right) < 0, \quad \left(\frac{\partial^2 R}{\partial e^2}\right) < 0, \left(\frac{\partial^2 R}{\partial \varepsilon^2}\right)\left(\frac{\partial^2 R}{\partial e^2}\right) - \left(\frac{\partial^2 R}{\partial \varepsilon \partial e}\right)^2 > 0 \quad (4)$$

Dos Métodos

Optimización conjunta y costo no-lineal de la reproducción

La tradición en teoría de biohistorias ha optimizado las dos variables evolutivas ε y e como si fueran independientes (ver Roff 1992, Stearns 1992). Pero basta ver las condiciones de primer orden recién presentadas (ecs. 2 y 3) para negar la validez de esto. Cada ecuación de estas define el óptimo de una variable como función de la otra, $\widehat{\varepsilon}(e)$ y $\widehat{e}(\varepsilon)$. Tendremos así dos curvas en el plano e-ε, correspondientes a dos pliegues alzados de la función R, que se cruzarán en el máximo común $R(\widehat{\varepsilon},\widehat{e})$ (si sólo uno existe). Se obtienen las derivadas de esas dos curvas mediante derivación implícita de (2) y (3), resultando:

$$\left(\frac{d\widehat{\varepsilon}}{de}\right) = -\frac{(\partial^2 R/\partial\varepsilon\partial e)}{(\partial^2 R/\partial\varepsilon^2)} \qquad \left(\frac{d\widehat{e}}{d\varepsilon}\right) = -\frac{(\partial^2 R/\partial\varepsilon\partial e)}{(\partial^2 R/\partial e^2)} \qquad (5)$$

Las dos derivadas segundas que están en los denominadores son, por suposición adoptada antes, negativas. Así, los signos de ambas derivadas dependerán de la derivada mixta del numerador evaluada a lo largo de $\widehat{\varepsilon}(e)$ o de $\widehat{e}(\varepsilon)$ respectivamente.

Ahora bien, la evaluación de estas derivadas requiere definir cuál restricción limita el reparto de la energía total E entre los diversos componentes de la aptitud R. Sin esta restricción, la selección natural favorecerá siempre a la biohistoria que alcance una R inmensa, ya que aumentar cualquier componente no exigiría ceder en el monto de los otros. Pero las limitaciones que se han usado distribuyen E entre F ($=BS$) y P ($\varepsilon + \sigma = 1$) sin fijarse en el reparto interno entre B y S, o bien dan por constante ε y distribuyen la energía reproductiva $E\varepsilon$ entre los B hijos, $B = (E\varepsilon/e)$, aceptándose que la supervivencia de cada hijo será función creciente de su tamaño energético e (Smith y Fretwell, 1974). Aquí se pueden optimizar independientemente las dos variables energéticas ε y e.

Ha habido poquísimos intentos de juntar las dos optimizaciones. La de Winkler y Wallin (1987) que retuvieron el supuesto $B = (E\varepsilon/e)$ llegando así a la misma condición de Smith y Fretwell (1974) para e óptimo: $(\partial R/\partial e) = B(-s/e + \partial s/\partial e) = 0$. Ése mismo resultado fue hallado por De Nóbrega (1983). Si se obtiene la derivada mixta requerida por las ecuaciones (5), ésta será también igual a cero al evaluarla a lo largo de la curva $\widehat{e}(\varepsilon)$, indicando que esta curva es una recta vertical de valor e constante (e_{opt}) para cualquier ε. Pero la derivada mixta evaluada a lo largo de la curva $\widehat{\varepsilon}(e)$ no es cero y tampoco lo será entonces $(d\widehat{\varepsilon}/de)$, de modo que $\widehat{\varepsilon}(e)$ es curva. Se puede así obtener independientemente $e_{opt} = \widehat{e}$ **const**, y luego optimizar ε como $\widehat{\varepsilon} = \varepsilon(\widehat{e})$.

Los otros que juntaron los dos procedimientos (Zhang 1998, Zhang y Jiang 1998) advirtieron que no toda la energía dedicada a la reproducción $(E\varepsilon)$ es dividida entre los hijos del modo $(E\varepsilon/B)$. Supusieron entonces que además de este reparto, hay una inversión previa que determina los números B, simplemente proporcional a éstos, digamos kB. Pero aun así las optimizaciones siguen independientes.

Ahora bien, la determinación de los números B no es simplemente lineal. Hay procesos no-lineales involucrados en esto, costos requeridos antes de que la producción de los hijos y su aprovisionamiento ocurran. He aquí unos ejemplos. Sakai y Sakai (1995) señalaron que la construcción de flores se requiere para atraer polinizadores, pero esta inversión genera rendimientos decrecientes. Ya Reekie y Bazzaz (1987) habían insistido en que la reproducción en plantas necesita, además de flores y frutos, estructuras ancilares y de soporte. El campo todo de la selección sexual (Ryan 1997) ilustra la inversión energética en reproducción previa a ésta pero no asignada a cada hijo. Y más allá de estructuras y conductas sexuales, hay (aún en asexuales) requerimientos previos y/o concomitantes a la producción misma de progenie pero no involucrados en la dotación de cada descendiente (Calow 1979).

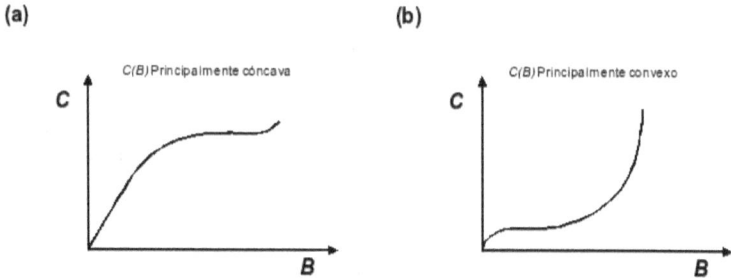

Figura 1: Dos ejemplos de funciones sigmoides C(B).

Así pues, consideramos aquí una restricción de costos -a la manera de la teoría microeconómica de la producción (Henderson y Quandt 1971)- que reparte el presupuesto reproductivo entre dos términos: un "costo de aprovisionamiento", el tradicional Be (que asigna el monto e a cada hijo) y un "costo requisito ", la función $C(\mathbf{B})$ no lineal:

$$E\varepsilon = e.B + C(B) \qquad (6)$$

Postulemos que esta función $C(\mathbf{B})$ es una sigmoide reversa creciente (cóncava-convexa vista desde abajo, en este orden). Es decir, la primera derivada es siempre positiva $(dC/dB > 0)$ pero la segunda derivada pasa de negativa a positiva $(d^2C/dB^2 < 0) \rightarrow (d^2C/dB^2 > 0)$. Gráficamente podemos imaginar que en la sigmoide reversa predomina la sección cóncava (Figura 1a) o que es más largo el segmento convexo (Figura 1b). La pura concavidad o convexidad son concebibles como casos extremos.

La adopción de esta forma para la función requisito $C(\mathbf{B})$ es sugerida por la microeconomía. Las primeras unidades producidas suelen requerir costos especiales, capitalizados luego al añadir más fácilmente otras unidades. Eventualmente, sobrevienen otra vez dificultades marginales crecientes. Estas razones condujeron a Taylor y col. (1974), León (1976) y Schaffer y Rosenzweig (1977) a considerar curvas sigmoides (convexas-cóncavas) para representar la fecundidad efectiva (nuestra B.S) como función del esfuerzo reproductivo. Sikes (1998) ha medido los costos de lactancia en ratones en función del tamaño de camada, encontrando una sigmoide reversa. Es ya tiempo de ver cuáles novedades introduce una restricción de costos energéticos en la optimización conjunta. Nótese ante todo que en las condiciones de primer orden para el máximo de R, ecuaciones 2 y 3, se modifican sólo las derivadas parciales de B, que se obtienen al derivar ambos lados de (6) respecto a ε o e:

$$\frac{\partial B}{\partial \varepsilon} = \frac{E}{e + (\partial C / \partial B)} \qquad (7a)$$

$$\frac{\partial B}{\partial e} = -\frac{B}{e + (\partial C / \partial B)} \qquad (7b)$$

Adviértase así que la condición 3, gracias a 7b, para el tamaño óptimo del descendiente ($\hat{e}$) se torna:

$$\frac{\partial R}{\partial e} = B \left\{ -\frac{S}{e + (\partial C / \partial B)} + \frac{\partial S}{\partial e} \right\} = 0 \qquad (8)$$

la cual, al compararse con la clásica condición de Smith y Fretwell (1974):

$$\frac{\partial R}{\partial e} = B \left\{ -\frac{S}{e} + \frac{\partial S}{\partial e} \right\} = 0$$

Indica ya una clara diferencia introducida por el costo $C(\mathbf{B})$.

Vemos que la condición clásica exige la igualdad de la derivada de la curva $S(e)$ con la pendiente (S/e) de una recta que salga del origen de coordenadas y toque tangencialmente a la curva $S(e) : (\partial S / \partial e) = (S/e)$ (ver Figura 4). En cambio, al incluir $C(\mathbf{B})$ la condición queda así:$(\partial S / \partial e) = S/(e + \partial C / \partial B)$. La pendiente será ahora más pequeña (pues tiene en el denominador e más otro término) y como $S(e)$ sube con derivada (rendimiento) decreciente ($\partial^2 S / \partial e^2 < 0$), esa menor pendiente se alcanzará más lejos, a un tamaño e_{opt} mayor que el clásico.

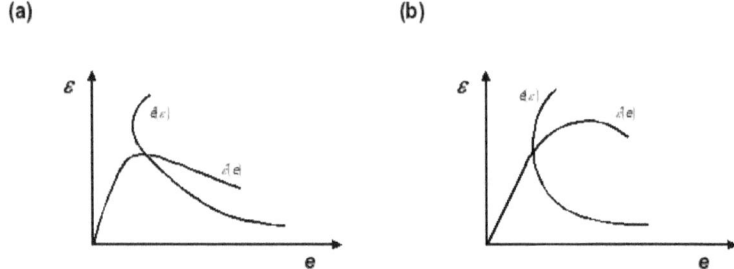

Figura 2: Dos pares de curvas $\widehat{\varepsilon}(e)$ y $\widehat{e}(\varepsilon)$ de valores óptimos condicionales de una de las variables energéticas como función de la otra, para las dos funciones **C(B)** no-lineales mostradas en la Figura 1.

Veamos ahora la optimización conjunta. Se necesita calcular la derivada mixta $\partial^2 R/\partial\varepsilon\partial e$, que según (5) gobierna los numeradores de las derivadas de ambas curvas, $\widehat{\varepsilon}(e)$ y $\widehat{e}(\varepsilon)$. Así obtenemos:

$$\frac{\partial^2 R}{\partial\varepsilon\partial e} = \frac{\partial^2 B}{\partial\varepsilon\partial e}S + \frac{\partial B}{\partial\varepsilon}\frac{\partial S}{\partial e}$$

la cual se transforma en,

$$\frac{\partial^2 R}{\partial\varepsilon\partial e} = \frac{1}{B}\frac{\partial B}{\partial\varepsilon}\left\{\frac{\partial R}{\partial e} + S\left(\frac{\partial B}{\partial e}\right)^2\left(\frac{\partial^2 C}{\partial B^2}\right)\right\} \tag{9}$$

Hay dos términos entre llaves: el primero, por definición, valdrá cero a lo largo de las curvas $\widehat{e}(\varepsilon)$. El segundo será gobernado por $(\partial^2 C/\partial B^2)$. Valdrá también cero en cada caso de $C(B) \equiv 0$, como en el modelo clásico de Smith y Fretwell, o si **C(B)** es lineal, como supuso Zhang (1998). Así pues, toda la tradición dará cero para la derivada mixta, y por ende $(d\widehat{e}/d\varepsilon = 0)$, desacoplando así las optimizaciones. Esto no ocurre para nuestras curvas **C(B)** cóncavas-convexas (Figura 1), cuyas consecuencias examinaremos ahora (Figura 2).

Las curvas de la Figura 2 corresponden, respectivamente a las curvas **C(B)** de la Figura 1. Ambas curvas **C(B)** exhiben un segmento convexo, con $(\partial^2 B/\partial C^2 > 0)$, corto en 1(a) y largo en 1(b), para valores altos de B. Como B es inversa a e, la curva $\widehat{\varepsilon}(e)$ empieza con este aporte (e pequeña, B grande) por parte del segundo término de (9), y otro aporte debido a dR/de, primero positivo, luego cero y negativo, al crecer e. Así pues, la curva $\widehat{\varepsilon}(e)$ crece brevemente en la Figura 2a, y en cambio crece largamente en la Figura 2b. Por otra parte, las curvas $\widehat{e}(\varepsilon)$ son sólo determinadas por $(\partial^2 B/\partial C^2)$, largamente negativa para la curva 1(a) y, por consiguiente para la derivada de 2(a) (recuérdese que B crece al aumentar ε), y brevemente negativa para la 1(b) y la pendiente de 2(b). Después ambas crecen. Las dos derivadas $(d\widehat{\varepsilon}/de)$ y $(d\widehat{e}/d\varepsilon)$ son negativas en el óptimo (punto en que ambas curvas se cruzan) para la Figura 2a, y positivas para la Figura 2b.

Estática comparativa (perturbación de parámetros). Este método, extraído de la microeconomía (Henderson y Quandt 1971), fue incorporado a la teoría de biohistorias por Michod en 1979. Ha sido usado repetidamente por León (1988), Hernández y León (1995, 2000) y León y De Nóbrega (2000). Consiste en perturbar las constantes que caracterizan el ambiente para el cual se calculó un óptimo, e indagar así como se mueve ese óptimo, es decir, cómo reacciona ante modificaciones ambientales.

En nuestro caso los parámetros son la energía E disponible por adulto y las mortalidades evitables (m) o inevitables (μ) que inciden sobre adultos ($\mathbf{m_a}$ y $\mu_\mathbf{a}$) o juveniles ($\mathbf{m_o}$ y $\mu_\mathbf{o}$). Sea q uno cualquiera de estos parámetros. Entonces, por derivación implícita de las condiciones (2) y (3), que dan el máximo de R, obtenemos los efectos sobre $\widehat{\varepsilon}$ y $\widehat{e}$ de cambios infinitesimales en ese parámetro q:

$$\frac{d\widehat{\varepsilon}}{dq} = -\frac{(\partial^2 R/\partial\varepsilon\partial q) + (\partial^2 R/\partial\varepsilon\partial e)(d\widehat{e}/dq)_{\widehat{\varepsilon}}}{\Delta_1} \tag{10a}$$

$$\frac{d\widehat{e}}{dq} = -\frac{(\partial^2 R/\partial e\partial q) + (\partial^2 R/\partial\varepsilon\partial e)(d\widehat{\varepsilon}/dq)_{\widehat{e}}}{\Delta_2} \tag{10b}$$

donde

$$\left(\frac{d\widehat{\varepsilon}}{dq}\right)_{\widehat{e}} = -\frac{(\partial^2 R/\partial q \partial \varepsilon)}{(\partial^2 R/\partial \varepsilon^2)} \quad y \quad \left(\frac{d\widehat{e}}{dq}\right)_{\widehat{\varepsilon}} = -\frac{(\partial^2 R/\partial q \partial e)}{(\partial^2 R/\partial e^2)} \quad (11)$$

La derivación de estas ecuaciones puede verse en detalle en León y De Nóbrega (2000). Δ_1 y Δ_2 son ambas negativas. Las dos están relacionadas a la condición de segundo grado para máximo (ecuación 4). Al ser negativas, hacen que los signos de las derivadas en (10) dependan de los numeradores respectivos.

Esos numeradores indican que el cambio del valor óptimo de cualquier variable ($\widehat{\varepsilon}$ o $\widehat{e}$) causada por el aumento de un parámetro q puede dividirse en dos componentes: un efecto directo de q sobre la variable misma (primer término del numerador) y un efecto indirecto producido al modificar la otra variable (segundo término). Los efectos indirectos son mediados por la derivada mixta ($\partial^2 R/\partial \varepsilon \partial e$), la cual puede ser positiva o negativa, como ya sabemos.

a) Efectos de aumentar cualquier mortalidad inevitable o la evitable que daña al adulto. Al perturbar q: μ_o, μ_a ó m_a tendremos que $\partial^2 R/\partial e \partial q = 0$. Así según (11), el efecto indirecto $(d\widehat{e}/dq)_{\widehat{\varepsilon}}$ en (10a) se anula y sólo quedan efectos directos sobre $\widehat{\varepsilon}$. En cambio, por la misma razón, sobre $\widehat{e}$ hay nada más efectos indirectos vía cambios en $\widehat{\varepsilon}$. Tendremos que si son inevitables, el aumento de μ_o favorece una reducción de $\widehat{\varepsilon}$, pero el aumento de μ_a, un aumento concomitante de $\widehat{\varepsilon}$:

$$\left(\frac{\partial^2 R}{\partial \varepsilon \partial \mu_o} < 0\right) \rightarrow \left(\frac{d\widehat{\varepsilon}}{d\mu_o} < 0\right) \quad y \quad \left(\frac{\partial^2 R}{\partial \varepsilon \partial \mu_a} > 0\right) \rightarrow \left(\frac{d\widehat{\varepsilon}}{d\mu_a} > 0\right)$$

Estas son estrategias compensatorias (León, 1983): reasignaciones de la energía que reducen la inversión en el componente de R afectado (F o P) para aumentar el otro.

En cambio, aumentar mortalidad evitable de adultos (m_a) favorece incrementar la defensa (P) a expensas de la reproducción (F). Una estrategia directa que reinvierte más en el componente afectado de R:

$$\left(\frac{\partial^2 R}{\partial \varepsilon \partial m_a} < 0\right) \to \left(\frac{d\widehat{\varepsilon}}{dm_a} < 0\right)$$

Ya dijimos que los efectos de μ_o, μ_a o m_a sobre $\widehat{e}$ sólo pueden ser indirectos, a través del cambio en $\widehat{\varepsilon}$ ya discutido. En los modelos sin $C(\mathbf{B})$ o con $C(\mathbf{B})$ lineal, la incidencia de ese cambio en $\widehat{\varepsilon}$ sobre $\widehat{e}$ no existe, porque el vículo $(\partial^2 \mathbf{R}/\partial \varepsilon \partial e) = \mathbf{0}$. Si esa derivada es negativa (porque $C(\mathbf{B})$ es principalmente cóncava) entonces $\widehat{e}$ óptima cambia opuesta a $\widehat{\varepsilon}$ óptima. Al hacerlo así, refuerza un incremento de B óptima (recordar que la camada B aumenta con ε pero disminuye con e). Por supuesto, si $C(\mathbf{B})$ es principalmente convexa, o sea si $\partial^2 R/\partial \varepsilon \partial e > 0$, entonces $\widehat{\varepsilon}$ y $\widehat{e}$ coinciden en dirección, y sus efectos sobre la fecundidad B_{opt} se amortiguarán recíprocamente.

b) Efectos de aumentar la mortalidad evitable del descendiente (m_o). Al incrementar m_o, ambos efectos directos (sobre $\widehat{\varepsilon}$ y $\widehat{e}$) existen. Y también son posibles los indirectos, siempre y cuando el vínculo $(\partial^2 R/\partial \varepsilon \partial e)$ sea distinto de cero. Si fuera nulo, al ser $C(\mathbf{B})$ nula o lineal, quedan solo los efectos directos en los numeradores de (10), dando:

$$\left(\frac{\partial^2 R}{\partial \varepsilon \partial \mu_o} < 0\right) \to \left(\frac{d\widehat{\varepsilon}}{d\mu_o} < 0\right) \quad y \quad \left(\frac{\partial^2 R}{\partial \varepsilon \partial \mu_o} > 0\right) \to \left(\frac{d\widehat{e}}{d\mu_o} > 0\right)$$

El aumento de mortalidad "infantil" evitable (m_o) milita en pro de reducir la inversión en reproducción ε (dedicar más a la defensa adulta σ) pero a la vez aumentar la defensa de cada descendiente, vía su dotación energética e. Menor número de hijos pero mayor calidad de cada uno.

Si $C(\mathbf{B})$ fuera principalmente cóncava, la mixta $(\partial^2 R/\partial \varepsilon \partial e)$ sería negativa, provocando así efectos indirectos del mismo signo que los directos y reforzando éstos. Si $C(\mathbf{B})$ fuera convexa, los efectos directos serían mitigados.

c) Aumentos de la energía total (E) disponible al adulto. Empezamos con el caso simple ($B = E\varepsilon / e$) y el costo $C(\mathbf{B})$ nulo. Las dos derivadas mixtas ($\partial^2 R/\partial \varepsilon \partial e$) y ($\partial^2 R/\partial E \partial e$) son nulas en el óptimo. Entonces los dos términos de la ecuación (10b) valdrán cero para $q{=}E$. Perturbar E no hace cambiar $\widehat{e}$: ($d\widehat{e}/dE$) = 0. En cambio ($d\widehat{\varepsilon}/dE$) sí tiene efecto directo (aunque no indirecto), el cual será:

$$\frac{\partial^2 R}{\partial E \partial \varepsilon} = -\frac{s(e;m_o)}{e}\phi(\mu_o) + \frac{\partial^2 p(\varepsilon;m_a,E)}{\partial E \partial \varepsilon}\pi(\mu_a) \qquad (12)$$

El primer término es positivo pero el segundo lo suponemos negativo: es más pronunciado el agrandamiento de p debido al aumento de σ (merma de ε) con montos grandes de energía disponible E. Por consiguiente, el cambio ($d\widehat{\varepsilon}/dE$) será positivo o negativo según predomine el primer término o el segundo. Así, se espera que aumente el esfuerzo reproductivo si los recursos se expanden en un ambiente benigno para los juveniles, con bajas mortalidades inevitables o evitables (alta S), adverso para los adultos. Condiciones opuestas harían reducir el esfuerzo $\widehat{\varepsilon}$ al enriquecerse el entorno.

Si el costo $C(\mathbf{B})$ existe y es no lineal, habrá efectos interactivos entre ε y e. Las derivadas mixtas ($\partial^2 R/\partial \varepsilon \partial e$) y ($\partial^2 R/\partial E \partial e$) serán no-nulas y puede suponérselas de un mismo signo, ya que E y ε tienen efectos positivos semejantes sobre B. Se cumple entonces lo siguiente:
a) El efecto indirecto sobre $\widehat{\varepsilon}$ (ahora posible) es positivo, cualquiera que sea el signo de su interacción con e.
b) Siempre que expandir E favorezca directamente aumentar $\widehat{\varepsilon}$ (es decir, $\partial^2 R/\partial E \partial \varepsilon > 0$), esto será acompañado por una indirecta reducción o aumento de $\widehat{e}$, según $C(\mathbf{B})$ sea principalmente cóncava o convexa. En este caso, los cambios indirectos refuerzan los efectos directos inducidos por E sobre $\widehat{\varepsilon}$ y $\widehat{e}$.
c) Siempre que ampliar E favorezca reducir $\widehat{\varepsilon}$ los efectos directo e indirecto sobre $\widehat{e}$ se oponen el uno al otro. Por ejemplo, supongamos $C(B)$ principalmente convexa. Entonces $\widehat{e}$ será afectado directa y positivamente por E, pero indirecta y negativamente por una reducción de $\widehat{\varepsilon}$.

Ejemplos. Los efectos sinergísticos considerados aquí permiten explorar expectativas teóricas simultáneas sobre varios componentes de las biohistorias, sin acogerse a las visiones abarcantes pero simplistas del tipo estrategas *r* vs estrategas *k*. Conviene entonces usar las previsiones antes presentadas para intentar explicaciones de cambios simultáneos observados en algunos sistemas. Ofrecemos sólo dos ejemplos, y remitimos a León y De Nóbrega (2000) para considerar otros casos.

Mortalidades inevitables y costo por viviparidad: Reznick y sus colaboradores (ver Reznick 1992) emprendieron en los años ochenta una serie de estudios de los efectos de la depredación sobre los guppies (*Poecilia*) de Trinidad Tobago y Venezuela. En lo esencial identificaron dos clases de arroyos donde los depredadores incidían, en unos sobre los adultos (*A*) y en otros, sobre los juveniles (*J*). El esfuerzo reproductivo ε resultó mayor en los guppies de tipo *A*, mientras que el tamaño de hijos *e* fue mayor en los de tipo *J*. Un experimento de campo en que permutaron depredadores, generó en 11 años (30-60 generaciones) modificaciones en ε y *e* acordes con los resultados en las poblaciones naturales (Reznick et al. 1990).

Aunque se consideraron estos resultados como acordes a la teoría, esto no es cierto. Las respectivas mortalidades inevitables sobre adultos o juveniles explicarían las diferencias en esfuerzo reproductivo, pero <u>no</u> los cambios en tamaño de hijo, si se usan los modelos clásicos. Hace falta postular un efecto interactivo debido a un costo $C(\mathbf{B})$ principalmente cóncavo. Esto es plausible, ya que los guppies son vivíparos y entonces, los costos requeridos para producir los primeros miembros de la camada deben ser mayores que los de las adiciones.

Nótese que los cambios en tamaño de los hijos predichos en estos casos por nuestro modelo no son directamente adaptativos. No hay beneficio en reducir $\hat{e}$ cuando los depredadores atacan a los adultos, o en aumentar $\hat{e}$ cuando el ataque a juveniles es indiferente al tamaño de éstos. Pero la reducción permite incrementar el número B de hijos, ayudando a compensar por la mortalidad acentuada de adultos, y el aumento de e ayuda a disminuir el número B de candidatos a ser victimizados por enemigos que comen juveniles. A esta clase de respuestas las llamamos estrategias compensatorias indirectas.

Cambios en la energía disponible (E): Kawano y Masuda (1980) estudiaron el reparto energético en la liliácea perenne siempre-verde *Helonopsis orientalis*, a lo largo de un gradiente altitudinal en Japón, en cinco sitios desde 100 m hasta 2600 sobre el nivel mar. La estación de crecimiento se acorta con la altura, y así merma la energía disponible por planta (E).

De esa energía, una fracción cada vez mayor se asigna a estructuras reproductivas (como brácteas, periantos, cápsulas) al incrementar la elevación, pero en cambio baja el número de semillas. Estas son diminutas, dispersadas por el viento, y su tamaño no cambia al subir o bajar.

Así pues, al aumentar E (bajar la altura) se reduce el esfuerzo $\hat{\varepsilon}$. Como el hábitat cerrado de comunidades clímax deja poca posibilidad de reclutamiento, la mortalidad de semillas y plántulas es inevitable y alta. Esto favorece disminuir $\hat{\varepsilon}$ al crecer E. Por otra parte, lo dicho sobre estructuras reproductivas sugiere un costo requerido $C(\mathbf{B})$ predominantemente cóncavo. Esto indica una interacción negativa entre ε y e, y por consiguiente una compensación de efectos directos e indirectos sobre $\hat{e}$, que debe dar lugar a pocos cambios selectivos en el tamaño $\hat{e}$ al alterar E. Ya dijimos que eso se observó.

Denso-dependencia (y frec-dependencia) en la supervivencia juvenil

El modelo considerado hasta ahora era básicamente denso-independiente. Pero, ¿cuál puede ser la incidencia sobre nuestros resultados de factores de mortalidad cuya intensidad dependa de la abundancia de individuos presentes y de las frecuencias de los tipos de individuos?

Volvamos al clásico reparto exhaustivo y equitativo de la energía reproductiva entre los hijos para dar e a cada uno, y así determinar su número B. Es el modelo Smith-Fretwell (1974) que da $B = \varepsilon E/e$. En cambio haremos a la función de supervivencia de cada hijo dependiente de la densidad de adultos y juveniles presentes, del modo que pronto explicaremos. Esto permite combinar el nivel de esfuerzo reproductivo ε (el grado de perennidad) con la optimización del tamaño e, dando resultados opuestos o concordantes con los del dogma "estrategas r vs k ", según la mortalidad denso-independiente sea evitable o inevitable (*sensu* León 1983, 1988). De este modo, al hacer posible emparejamientos como "hijos grandes, hábito anual ($\varepsilon = 1$)" o bien "hijos pequeños, hábito perenne ($\varepsilon < 1$) ", este enfoque genera otro tipo de optimización conjunta.

Como decíamos, el modelo básico es el mismo de la ecuación (1), con $B = \varepsilon E/e$, pero con la novedad de que la supervivencia "infantil-juvenil" S es como propone Torres-Alruiz (2002) $S = (e; N_t, n_t)$. Y ésta la separamos de modo multiplicativo: $S = S_{DI}(e)S_{DD}(e, N_t, n_t)$, siendo N_t el número de adultos del año t, n_t el número de hijos recién nacidos ese año ($n_t = BN_t$) y las S funciones definidas así: $S_{DI}(e)$, función denso-independiente del tamaño (e) del hijo, cóncava creciente a partir del mínimo tamaño θ requerido para sobrevivir; y la denso-dependiente $S_{DD} = S_{DD}^1(N_t)S_{DD}^2(e, n_t)$, donde $S_{DD}^1(N_t)$ decrece con N_t y $S_{DD}^2(e, n_t)$ crece con e y declina con n_t (Figuras 3 y 4). La función $S_{DD}^1(N_t)$ expresa la competencia que los hijos (semillas, huevos, recién nacidos) padecen proveniente de los adultos, que les impone mortalidad <u>inevitable</u>, por la asimetría de la tensión competitiva. La función $S_{DD}^2(e, n_t)$, en cambio, expresa la competencia entre los vástagos mismos, que genera mortalidad <u>evitable</u> ya que puede ser reducida por la inversión en defensa, en este caso el tamaño e del crío, que determina la habilidad competitiva. Las formas de estas funciones pueden observarse en las Figuras 3a y 3b, que exhiben respectivamente las dependencias de los productos $S_{DI}(e)S_{DD}^1(N_t)$ y

$S_{DI}(e)S^2_{DD}(e,n_t)$ respecto a sus variables (Torres-Alruiz, 2002).

Ya definidas las componentes de la aptitud R de una biohistoria, podemos reunirlas:

$$R = \frac{E\varepsilon}{e} S_{DI}(e)S^1_{DD}(N_t)S^2_{DD}(e,n_t) + P(\varepsilon;E) \qquad (13)$$

a la que deberá imponérsele la restricción $R(\widehat{N}) = 1$ que garantiza la población en equilibrio dinámico, y que la selección natural actúe en esas condiciones.

Selección denso-independiente (DI).   Ya tratamos ese tema, que se reduce al modelo SF (Smith y Fretwell 1974). Lo reiteramos aquí para poder comparar. Al maximizar, con ε constante, $R_{DI}(e) = \frac{E\varepsilon}{e} S_{DI}(e)$ se obtiene:

$$\frac{\partial R_{DI}}{\partial e} = \frac{E\varepsilon}{e}\left[\frac{\partial S_{DI}}{\partial e} - \frac{S_{DI}}{e}\right]$$

y al igualar esto a cero para obtener el tamaño óptimo del hijo $\widehat{e}$, se llega a la condición definitoria:

$$\left(\frac{\partial S_{DI}}{\partial e} - \frac{S_{DI}}{e}\right)_{\widehat{e}} = 0$$

cuya interpretación gráfica es la igualdad de la derivada $\frac{\partial S_{DI}}{\partial e}$ con la pendiente de una de las rectas que llamamos isoaptas, porque todos los puntos de cada una poseen una misma aptitud R (Figura 4). Estas rectas salen del origen de coordenadas (abscisas e, ordenada S) y cada una tiene fórmula $S = (R/E\varepsilon)e$. El haz se genera dando a cada recta un valor R constante, y así una pendiente $(R/E\varepsilon)$. Se va aumentando R hasta encontrar la recta que toca tangencialmente a la restricción cóncava creciente $S(e)$.

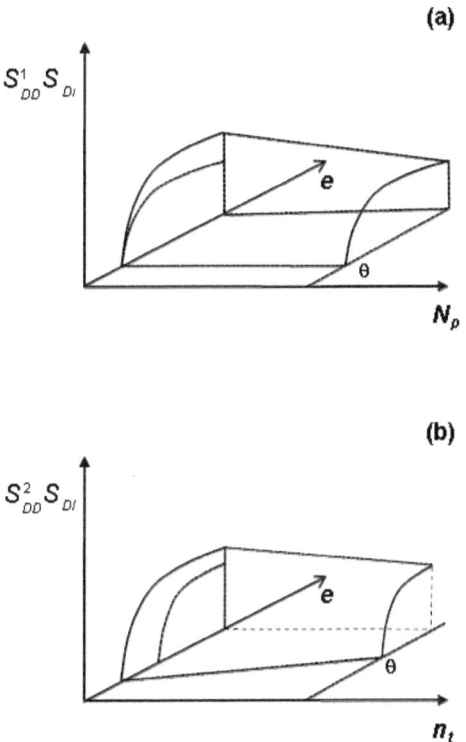

Figura 3: Factores que disminuyen la supervivencia juvenil. (A) El incremento de la mortalidad inevitable debido a la presencia de adultos perennes ocupando sitios potenciales de establecimiento disminuye S_{DD}. (B) El aumento en la competencia debido al incremento del número de crías competidoras genera mortalidad del tipo evitable. Si el adulto invierte energía en desarrollar un tamaño de huevo o semilla mayor aumentan las posibilidades de supervivencia de los hijos. Nótese que el tamaño mínimo de huevo requerido θ no varía con respecto a N_P como lo hace con respecto a n_t.

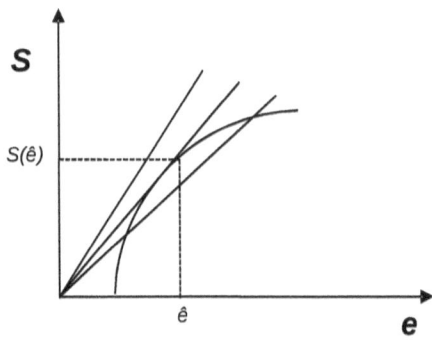

Figura 4: Tamaño óptimo de huevo (o crío) en condiciones denso-independientes.

Selección dependiente de la densidad y las frecuencias.

Caso anuales: Supongamos que, por optimización independiente, la selección ha establecido una biohistoria anual, en la cual el esfuerzo $\hat{\varepsilon} = 1$, es decir, toda la energía se emplea en reproducción y ninguna ($\sigma = 0$) se reserva para mantener vivo al adulto. Entonces los adultos desaparecen después de la reproducción, y sólo quedan "infantes" en cantidad $n_t = N_t B$, que van a competir entre ellos por llegar al próximo episodio reproductivo. Así, estará ausente el factor $S_{DD}^1(N_t)$ y sólo cuenta la supervivencia de los críos $S_{DD}^2(e, n_t)$. La supervivencia adulta P cae a cero, $P(\varepsilon = 1) = 0$ y la función aptitud se reduce a:

$$R_{DD}^A = \frac{E}{e} S_{DI}(e) S_{DD}^2(e, n_t)$$

Preguntamos cuál tamaño e_A es óptimo. La habilidad competitiva depende del tamaño e. La competencia entre infantes requiere que se encuentren, y la probabilidad de encuentro es proporcional a las frecuencias relativas f_e de los tipos de "infante" caracterizados, cada uno por su tamaño. Digamos $f_e = n_e/n$. Entonces, estaremos ante un juego evolutivo con selección dependiente de las frecuencias (frec-dependiente). Como hay un continuum de estrategias cada una con su valor de e, se procede del modo siguiente (Maynard Smith, 1982; Vincent y Brown, 2005). Supongamos establecida ($f_e = 1$) en la población estacionaria ($R = 1$) una cierta estrategia incógnita cuyos infantes tienen tamaño e^*. Si fuera una estrategia evolutivamente estable (EEE) no podría ser invadida por cualquier mutante que exhiba otra estrategia e. Entonces la biohistoria con e^* ha de tener máxima aptitud $R(e^*) = R^*$, que a la vez será $R^* = 1$. O sea, cualquier mutante tendría $R < 1$.

Ahora bien, $R^* = 1$ requiere que $B^* = \frac{E}{e_A^*}$ sea:

$$S_{DI}^* = \frac{1}{B(e_A^*)S_{DD}^2(e_A^*, n_{eq}^*)}$$

Consideremos cualquier mutante "infantil" de tamaño e al nacer. Su aptitud será $R(e) = B(e)S_{DI}(e)S_{DD}^2(e, n_t)$. Y al maximizar R, la condición $[\partial R_{DD}/\partial e]_{e^*}^{DD} = 0$ da:

$$S_{DD}^2(e_A^*)\left(\frac{\partial S_{DI}}{\partial e} - \frac{S_{DI}}{e_A^*}\right)_{e_A^*} + \left(\frac{\partial S_{DD}^2}{\partial e}S_{DI}\right)_{e_A^*} = 0$$

Ahora bien, el paréntesis del primer término contiene la expresión que, igualada a cero, determina el óptimo $\hat{e}$ de una biohistoria denso-independiente. Pero esa expresión, aquí, resulta negativa:

$$\left(\frac{\partial S_{DI}}{\partial e} - \frac{S_{DI}}{e_A^*}\right)_{e_A^*} = -\left(\frac{S_{DI}}{S_{DD}^2}\right)_{e_A^*}\left(\frac{\partial S_{DD}^2}{\partial e}\right)_{e_A^*}$$

De manera que cuando ($\partial R_{DD}^A/\partial e$) llega a su cero, es decir, cuando se hace horizontal la tangente a R_{DD}^A (porque esta función ha llegado a su máximo en el tamaño e_A^*) ya la derivada ($\partial R_{DI}^A/\partial e$) dejó atrás su respectivo cero, para el tamaño $\hat{e}$ y se volvió negativa. Es decir, la tangente a R_{DI} dejó de ser horizontal y se inclinó, se fue de bruces. Obviamente, entonces $\hat{e}$ queda atrás de e^*: $\hat{e} < e_A^*$. El

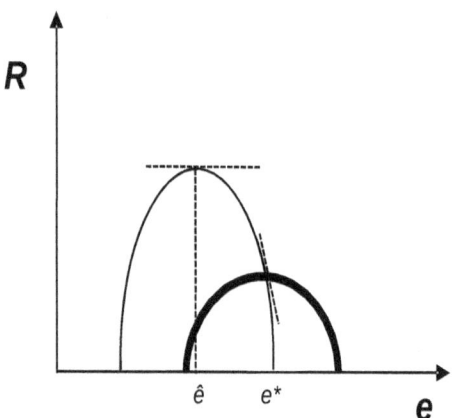

Figura 5: Función fitness. La curva gruesa corresponde al fitness DD y la delgada al fitness DI. El punto donde se alcanza e^*, corresponde también al valor $R^* = 1$.

tamaño e_A^* de los críos inducido por la competencia entre ellos (SN denso y frec-dependiente) es mayor que el favorecido por selección denso-independiente.

Caso perennes: Si consideramos organismos perennes, los descendientes en cada generación tendrán que competir no sólo entre ellos (usando su tamaño e como defensa ante la mortalidad evitable) sino también contra los adultos que los produjeron y que han sobrevivido con cierta probabilidad P. Contra éstos la competencia es asimétrica, la mortalidad es inevitable. El modelo pertinente es:

$$R_{DD}^P = B(\varepsilon,e)S_{DI}(e)S_{DD}(e,N_t,n_t) + P(\varepsilon)$$

donde $B = E\varepsilon/e$ y $S_{DD} = S_{DD}^1(N_t)S_{DD}^2(e,n_t)$.

Siguiendo los mismos pasos que dimos para los anuales obtenemos,

$$\left(\frac{\partial S_{DI}}{\partial e} - \frac{S_{DI}}{e}\right)_{e_P^*} = -\left(\frac{S_{DI}}{S_{DD}}\frac{\partial S_{DD}}{\partial e}\right)_{e_P^*}$$

Pero ahora, al imponer la condición $R_{DD}^{*P} = 1$ resulta $S_{DI}^* = (1 - P)/B^* S_{DD}^*$. Al sustituir y comparar con la ecuación para los anuales, vemos que la S_{DI}^* de los perennes incluye el factor $(1 - P)$, el cual (menor que 1) disminuye el monto de la inclinación negativa de la pendiente $(\partial R_{DI}/\partial e)$ en e_p^*. Así e_p^* viene a ser mayor que $\widehat{e}$ pero menor que e_A^*:

$$\widehat{e} < e_P^* < e_A^* \, .$$

Ahora bien, la magnitud de P depende de σ, la fracción energética dedicada por el adulto a su defensa, y entonces depende del esfuerzo ε, ya que $\sigma = 1 - \varepsilon$. Así, el tamaño óptimo e_p^* depende del grado de perennidad $P(\varepsilon)$. Esto asocia la optimización de e con la de ε, que aquí se supuso dada.

Un modelo particular de perennes: Conviene adoptar funciones particulares para los componentes de la biohistoria explorada aquí. Usaremos las siguientes funciones (consideradas en Torres-Alruiz, 2002) que poseen las propiedades requeridas:

$$R = B(E,\varepsilon,e)S_{DI}(e)S_{DD}^1(N_t)S_{DD}^2(e,n_t) + P(E,\varepsilon)$$

donde,

$$
\begin{aligned}
B &= \frac{E\varepsilon}{e} \\
S_{DI} &= 1 - \exp\left[-c(e - \theta)\right] \\
S_{DD}^1 &= \exp\left(-\beta N_r\right) \\
S_{DD}^2 &= \exp\left[-\alpha(e)(n_t)\right]
\end{aligned}
$$

siendo $\alpha(e) = a - be$.

Vemos que S_{DI} es una función cóncava creciente (a partir del mínimo θ) de e. La constante c indica cuán adverso es el ambiente denso-independiente. La S_{DD}^1 expresa la incidencia del número de adultos N_t sobre la supervivencia del "infante", siendo β un indicador de cuán rápido cae esta exponencial. La S_{DD}^2 es el efecto de la densidad de "infantes" sobre su propia supervivencia. Su coeficiente $\alpha(e)$ declina linealmente, $\alpha(e) = a - be$. Esto implica que al aumentar el tamaño e menos vulnerable se hace el "infante" a las amenazas denso-independientes, o más resistente o más tolerante. El parámetro b mide cuánta caída en vulnerabilidad acompaña a la unidad de incremento de e.

Podemos usar este modelo para particularizar las condiciones y resultados obtenidos. Para eso seguimos los mismos procedimientos. Entonces:

1) Caso denso-independiente. Retenemos sólo la función $S_{DI}(e)$ y nos queda:

$$\frac{\partial R}{\partial e} = \frac{E\varepsilon}{e^2}\left\{1 - \exp\left[-c(e - \theta)\right]\right\} + \frac{E\varepsilon}{e}\left\{c\exp\left[-c(e - \theta)\right]\right\}$$

que al ser igualada a cero para obtener el máximo de R lleva a,

$$\frac{\partial R_{DI}}{\partial e} = -\frac{E\varepsilon}{\hat{e}}\left\{\left(\frac{\partial S_{DI}}{\partial e}\right)_{\hat{e}} - \frac{S_{DI}(\hat{e})}{\hat{e}}\right\} = 0$$

2) Caso anual denso-dependiente. Ampliamos S para incluir $S_{DI}(e)S_{DD}^2(e, n_t)$, y al derivar, igualar a cero, e incluir $S_{DI}(e^*) = 1/B^* S_{DD}^2(e^*)$ para que $R_{DD}^A(e^*) = 1$ tendremos:

$$\left(\frac{\partial S_{DI}}{\partial e} - \frac{S_{DI}}{e}\right)_{e^*} = -\frac{bN^*}{S_{DD}^2(e^*)}$$

Se repite el resultado de ser $\hat{e} < e_A^*$.

3) Caso perenne denso-dependiente. Cuando los críos compiten entre sí y con los adultos, hay que incluir $S_{DD}(e) = S_{DD}^1 S_{DD}^2$ y usar el modelo completo para R_{DD}^P con el cual iniciamos esta sección. Al calcular $\partial R_{DD}^P/\partial e$ e igualar a cero para maximizar, añadiendo la restricción $R_{DD}^P(e^*) = 1$, obtenemos:

$$\left(\frac{\partial S_{DI}}{\partial e} - \frac{S_{DI}}{e}\right)_{e_P^*} = -\left[\frac{(1 - P)bN^*}{S_{DD}(e^*)}\right]$$

Resulta pues, debido al factor $(1 - P)$, e_P^* intermedio $\hat{e} < e_P^* < e_A^*$.

Comentarios finales

La motivación principal para el desarrollo de estos modelos en el trabajo de Torres-Alruiz (2002) provino de los amplios y detallados estudios de Richard Primack sobre la biología reproductiva de *Plantago*, hierba abundante y de amplia distribución y riqueza (más de 200 especies), con especies tanto anuales como perennes. Un resultado consistente es que la mayoría de las semillas de anuales son más grandes que las de perennes (Primack 1978, 1979, Primack y Antonovics 1982). Pero esto es contrario a lo sostenido por la tradición estrategas *r* vs *k*. Razonamos, pues, que la competencia entre semillas podía producir estos resultados. Tal competencia es una fuente de lo que León (1983, 1988) ha llamado mortalidad evitable denso-dependiente. Es evitable en este caso porque un mayor tamaño de las semillas les sirve de defensa. Y en el caso de las plantas anuales esta competencia es más intensa porque los adultos mueren después de reproducirse y dejan a sus semillas enfrentarse solas. En cambio las plantas adultas perennes permanecen y ocupan sitios que ya no estarán abiertos a las semillas competidoras.

Los adultos, por otra parte, le imponen a las semillas mortalidad denso-dependiente inevitable. De allí el desglosamiento de la supervivencia DD (S_{DD}) en dos factores: uno dependiente de la densidad de adultos, $S_{DD}^1(N_t)$, y otro de la densidad de semillas y el tamaño de éstas, $S_{DD}^2(n_t, e)$. El modelo construido así da cuenta, según vimos, de los resultados de Primack. Y hurga de otra manera en la evolución conjunta de aspectos de las biohistorias.

Pero hay más en esta elaboración. La mortalidad evitable denso-dependiente es, en este caso, dependiente de las frecuencias. Y la manera de optimizar cuando hay selección frec-dependiente es usar la teoría de juegos evolutivos (Maynard Smith 1982) y buscar estrategias evolutivamente estables (EEE).

Tales conceptos y técnicas, al comienzo usados más que todo para entender la evolución del comportamiento animal (ver libro de

Houston y McNamara 1999), se han ido aplicando a diversos asuntos en ecología evolutiva. Y en las últimas décadas, se han generalizado mediante la inclusión de otros conceptos de estabilidad además de la EEE (Apaloo et al. 2009) y la entronización de dos importantes enfoques de la dinámica evolutiva y sus resultados: (1) la llamada dinámica adaptativa (Geritz et al. 1997, y muchos artículos de estos autores; libro: Dercole y Rinaldi 2008), (2) la introducción por Vincent y Brown (1984) de la función generativa del fitness, G, que admite muchos usos, sistematizados en su reciente libro (2005).

No deja de ser inesperado que en tan copiosa producción sobre estrategias, juegos y dinámicas darwinianas, la atención dada a los tópicos de la teoría de biohistorias es relativamente escasa. Están los trabajos de Geritz en notorio lugar (Geritz 1995, 1998, Geritz et al. 1999) así como el de Rees y Westoby (1997), ya comentado en la introducción, todos ellos dedicados al asunto del tamaño "evolutivamente estable" (EE) de la semilla, bien sean "intervalos de tamaños EE" (Geritz, 1995), o "tamaño medio EE" en una o varias especies en coevolución competitiva (Rees y Westoby 1997). Siempre se considera, en estos tratamientos, competencia asimétrica entre semillas (o plántulas), como mecanismo decisivo que introduce la dependencia de la frecuencia a la aptitud, y así la necesidad del enfoque de juegos evolutivos.

En estas investigaciones la variedad resultante de tamaños de semillas puede ser una varianza dada, supuesta como un parámetro del sistema, típico del uso de ecuaciones dinámicas con gradientes de la función generativa G (Vincent y Brown 2005). Tal es el caso de Rees y Westoby (1997). O bien puede buscarse un intervalo "adaptativo" de tamaños de semillas, que sea EE (Geritz 1995), o bien pueden determinarse "puntos de bifurcación o ramificación" que vayan generando nuevas líneas, cada una con su propio tamaño de semilla, hasta desembocar en un polimorfismo EE (Geritz et al. 1999). Nuestro propio tratamiento del asunto se desentiende del problema de la variedad de tamaños de semillas coexistentes, ya que hemos trabajado con estrategias asexuales, como es usual en la teoría de biohistorias. Siempre puede interpretarse la estrategia evolutivamente estable como una media "óptima", suponiendo que hay siempre variación en torno.

Otros casos en que se han usado enfoques de juegos evolutivos para las biohistorias, sin pretender ser exhaustivos, son: (1) el estudio de juegos cíclicos entre morfos de lagartijos (*Uta stanburiana*) debido a Sinervo y col. (2000), (2) el desarrollo matemático de versiones frec-dependientes de los fitness-sets de Levins, propuesto por de Mazancourt y Dieckmann (2004), que alude frecuentemente a las biohistorias pero sólo presenta ejemplos de otras estrategias adaptativas, (3) el recentísimo artículo de Rael y col. (2009), en el que se representa la biohistoria del escarabajito de la harina *Tribolium castaneum* con una matriz de Leslie de tres etapas, se usa el enfoque de funciones G, pero se centra la atención en los polimorfismos genéticos de estas poblaciones.

Nuestro tratamiento del tema del tamaño de semilla EE no se reduce a eso. Es parte del asunto de la evolución conjunta con las estrategias de supervivencia del adulto (anual vs perenne). Pero al usar los conceptos de mortalidad DD evitable o inevitable, abrimos la puerta a otras posibilidades de usar la teoría de juegos evolutivos. Aún en el

caso de las semillas, no sólo la competencia asimétrica genera frec-dependencia, también el ataque por depredadores o parásitos puede ser sensible al tamaño de la semilla. Y también para huevos y larvas. Así mismo, la mortalidad inevitable denso-dependiente no tiene por qué deberse a la acción de los adultos. Es pertinente en la aplicación recién discutida y quizás en casos de canibalismo intra-específico. Pero podría ser generada por otros mecanismos (por ejemplo, patógenos o depredadores) que actúen dependiendo de la densidad n_t de los propios críos. Por el contrario, son concebibles casos en que la mortalidad evitable incida sobre los adultos y dependa de la densidad de éstos. Hay entonces una gama de posibles enfoques de problemas en biohistorias en los cuales cabe usar la teoría de juegos y la búsqueda de EEE"s. Por otra parte, el método de perturbación de parámetros o estática comparativa que aplicamos en la primera parte de este trabajo podría extenderse a estos modelos de biohistorias con selección frec-dependiente. Ya juntamos todo esto en estudios de biohistorias con denso-dependencia sin estructura etaria (De Nóbrega 1999), con estructura etaria (Hernández y León 1995) o estructura de etapas (Hernández y León 2000) y mortalidad evitable denso-dependiente. Pero no usamos la teoría de juegos evolutivos. Eso está pendiente.

Referencias

Apaloo, J., Brown, J. S., y Vincent, T. L. (2009). Evolutionary game theory: ESS, convergence stability, and NIS. *Evolutionary Ecology Research*, 11(4):489–515.

Calow, P. (1979). Cost of reproduction-physiological approach. *Biological Reviews of the Cambridge Philosophical Society*, 54(1):23–40.

Charlesworth, B. (1994). *Selection in Age-Structured Population*. Cambridge University Press, Cambridge.

Charlesworth, B. y León, J. A. (1976). Relation of reproductive effort to age. *American Naturalist*, 110(973):449–459.

Charnov, E. L. y Schaffer, W. M. (1973). Life-history consequences of natural-selection - Cole's result revisited. *American Naturalist*, 107(958):791–793.

Cole, L. C. (1954). The population consequences of life history phenomena. *Quarterly Review of Biology*, 29(2):103–137.

De Mazancourt, C. y Dieckmann, U. (2004). Trade-off geometries and frequency-dependent selection. *American Naturalist*, 164(6):765–778.

De Nóbrega, R. J. (1983). El tamaño de camada como estrategia adaptativa. Tesis de Maestría, Facultad de Ciencias. Universidad Central de Venezuela, Caracas, Venezuela.

De Nóbrega, R. J. (1999). Modelos de evolución conjunta del esfuerzo reproductivo total y por propágulos. Technical report, Facultad de Ciencias. Universidad Central de Venezuela., Caracas, Venezuela.

De Nóbrega, R. J. y León, J. A. (2000). Efectos del costo en supervivencia de la reproducción sobre el tamaño adaptativo de la semilla. *Ecotrópicos*, 13:61–66.

Dercole, F. y Rinaldi, S. (2008). *Analysis of evolutionary processes: the adaptive dynamics approach and its applications*. Princeton University Press, Princenton.

Fisher, R. A. (1930). *The Genetical Theory of Natural Selection*. Clarendon Press, Oxford.

Fleming, I. A. y Gross, M. R. (1990). Latitudinal clines - a trade-off between egg number and size in pacific salmon. *Ecology*, 71(1):1–11.

Gadgil, M. y Bossert, W. M. (1970). Life history consequences of natural selection. *American Naturalist*, 104:1–24.

Geritz, S. A. H. (1995). Evolutionarily stable seed polymorphism and small-scale spatial variation in seedling density. *American Naturalist*, 146(5):685–707.

Geritz, S. A. H. (1998). Co-evolution of seed size and seed predation. *Evolutionary Ecology*, 12(8):891–911.

Geritz, S. A. H., Metz, J. A. J., Kisdi, E., y Meszena, G. (1997). Dynamics of adaptation and evolutionary branching. *Physical Review Letters*, 78(10):2024–2027.

Geritz, S. A. H., van der Meijden, E., y Metz, J. A. J. (1999). Evolutionary dynamics of seed size and seedling competitive ability. *Theoretical Population Biology*, 55(3):324–343.

Henderson, J. M. y Quandt, R. E. (1971). *Microeconomic Theory: a Mathematical Approach*. McGraw-Hill, Nueva York.

Hernandez, M. J. y León, J. A. (1995). Evolutionary perturbations of optimal life-histories. *Evolutionary Ecology*, 9(5):478–494.

Hernandez, M. J. y León, J. A. (2000). Adaptive strategies in size-structured populations: Optimal patterns and perturbation analysis. *Evolutionary Ecology Research*, 2(5):565–582.

Houston, A. I. y Mcnamara, J. A. (1999). *Models of adaptive behavior. An approach based on state*. Cambridge University Press, Cambridge.

Jarvinen, A. (1986). Clutch size of passerines in harsh environments. *Oikos*, 46(3):365–371.

Kawano, S. y Masuda, J. (1980). The productive and reproductive-biology of flowering plants. 7. resource-allocation and reproductive capacity in wild populations of *Heloniopsis orientalis* (thumb) *C. tanaka* (liliaceae). *Oecologia*, 45(3):307–317.

Lack, D. (1947a). The significance of clutch-size. *Ibis*, 89(4):668.

Lack, D. (1947b). The significance of clutch-size. *Ibis*, 89(2):302–352.

Leishman, M. R. (2001). Does the seed size/number trade-off model determine plant community structure? An assessment of the model mechanisms and their generality. *Oikos*, 93(2):294–302.

León, J. A. (1976). Life histories as adaptive strategies. *Journal of Theoretical Biology*, 60(2):301–335.

León, J. A. (1983). Compensatory strategies of energy investment in uncertain environments. En Freedman, H. I., editor, *Population Biology*, volumen 52 de *Lectures Notes in Biomathematics*, pp. 1985–1990. Springer-Verlag, Berlin.

León, J. A. (1988). Avoidable mortality in life history theory. En Hallan, T., Gross, G., y Levin, S., editores, *Mathematical Ecology*, pp. 85–98. World Scientific, Singapur.

León, J. A. y De Nóbrega, R. J. (2000). Comparative statics of joint reproductive allocation. *Journal of Theoretical Biology*, 205(4):563–579.

Levins, R. (1968). *Evolution in Changing Environments*. Princeton University Press, Princeton.

Lima, S. L. (1987). Clutch size in birds - a predation perspective. *Ecology*, 68(4):1062–1070.

Macarthur, R. H. (1962). Some generalized theorems of natural selection. *Proceedings of the National Academy of Sciences of the USA*, 48(11):1893–&.

Macarthur, R. H. y Wilson, E. O. (1967). *The Theory of Island Biogeography*. Princeton University Press, Princeton.

Maynard Smith, J. (1982). *Evolution and Theory of Games*. Cambridge University Press, Cambridge.

Michod, R. E. (1979). Evolution of life histories in response to age-specific mortality factors. *American Naturalist*, 113(4):531–550.

Pianka, E. R. (1970). R-selection and K-selection. *American Naturalist*, 104(940):592–597.

Pianka, E. R. (1976). Natural-selection of optimal reproductive tactics. *American Zoologist*, 16(4):775–784.

Primack, R. B. (1978). regulation of seed yield in plantago. *Journal of Ecology*, 66(3):835–847.

Primack, R. B. (1979). Reproductive effort in annual and perennial species of plantago (PLANTAGINACEAE). *American Naturalist*, 114(1):51–62.

Primack, R. B. y Antonovics, J. (1982). Experimental ecological genetics in plantago.7. reproductive effort in populations of plantago-lanceolata l. *Evolution*, 36(4):742–752.

Rael, R. C., Costantino, R. F., Cushing, J. M., y Vincent, T. L. (2009). Using stage-structured evolutionary game theory to model the experimentally observed evolution of a genetic polymorphism. *Evolutionary Ecology Research*, 11(2):141–151.

Reekie, E. G. y Bazzaz, F. A. (1987). Reproductive effort in plants. 1. carbon allocation to reproduction. *American Naturalist*, 129(6):876–896.

Rees, M. y Westoby, M. (1997). Game-theoretical evolution of seed mass in multi-species ecological models. *Oikos*, 78(1):116–126.

Reznick, D. A. (1992). Measuring the costs of reproduction. *Trends in Ecology and Evolution*, 7(2):42–45.

Reznick, D. A., Bryga, H., y Endler, J. A. (1990). Experimentally induced life-history evolution in a natural-population. *Nature*, 346(6282):357–359.

Roff, D. A. (1992). *The Evolution of Life Histories: Theory and Analysis*. Chapman & Hall, Londres.

Ryan, M. J. (1997). Sexual selection and mate choice. En Krebs, J. R. y Davies, N. B., editores, *Behavioural Ecology. An Evolutionary Approach*, pp. 179–202. Blackwell Scientific Publishers, Oxford.

Sakai, S. y Sakai, A. (1995). Flower size-dependent variation in seed size - theory and a test. *American Naturalist*, 145(6):918–934.

Schaffer, W. M. (1974). Selection for optimal life histories - effects of age structure. *Ecology*, 55(2):291–303.

Schaffer, W. M. y Rosenzweig, M. L. (1977). Selection for optimal life histories. 2. multiple equilibria and evolution of alternative reproductive strategies. *Ecology*, 58(1):60–72.

Sikes, R. S. (1998). Unit pricing: Economics and the evolution of litter size. *Evolutionary Ecology*, 12(2):179–190.

Sinervo, B., Svensson, E., y Comendant, T. (2000). Density cycles and an offspring quantity and quality game driven by natural selection. *Nature*, 406(6799):985–988.

Smith, C. C. y Fretwell, S. D. (1974). Optimal balance between size and number of offspring. *American Naturalist*, 108(962):499–506.

Stearns, S. (1992). *The Evolution of Life Histories*. Oxford University Press, Oxford.

Taylor, H. M., Gourley, R S andLawrence, C. E., y Kaplan, R. S. (1974). Natural-selection of life-history attributes - analytical approach. *Theoretical Population Biology*, 5(1):104–122.

Torres-Alruiz, M. D. (2002). Evolución conjunta del tamaño de crío y los hábitos anual o perenne. Tesis de Maestría, Facultad de Ciencias. Universidad Central de Venezuela, Caracas, Venezuela.

Vincent, T. L. y Brown, J. S. (1984). Stability in an evolutionary game. *Theoretical Population Biology*, 26(3):408–427.

Vincent, T. L. y Brown, J. S. (2005). *Evolutionary Game Theory, Natural Selection and Darwinian Dynamics*. Cambridge University Press., Cambridge.

Williams, G. C. (1966). *Adaptation and Natural Selection*. Princeton University Press, Princeton.

Winkler, D. W. y Wallin, K. (1987). Offspring size and number - a life-history model linking effort per offspring and total effort. *American Naturalist*, 129(5):708–720.

Zhang, D. Y. (1998). Evolutionarily stable reproductive strategies in sexual organisms: Iv. parent-offspring conflict and selection of seed size in perennial plants. *Journal of Theoretical Biology*, 192(2):143–153.

Zhang, D. Y., Jiang, X. H., y Zhao, S. (1996). Evolutionarily stable reproductive strategies in sexual organisms. 2. Dioecy and optimal resource allocation. *American Naturalist*, 147(6):1115–1123.

Contactos

JAL: Laboratorio de Evolución y Ecología Teórica. Instituto de Zoología y Ecología Tropical. Facultad de Ciencias. Universidad Central de Venezuela. Caracas, Venezuela.
jesusalberto.leon@gmail.com

JRDN: Laboratorio de Ecología Humana. Centro de Ecología Aplicada. Instituto de Zoología y Ecología Tropical, Universidad Central de Venezuela.Caracas, Venezuela.
renato.nobrega@ciens.ucv.ve

MDTA: Área de Energía y Ambiente. Fundación Instituto de Estudios Avanzados IDEA, Edo. Miranda, Caracas 1015-A, Venezuela.
mtorres@idea.gob.ve

Modelos y simulaciones biológicas: ecología y evolución
Harold P. de Vladar y Roberto Cipriani. (eds.) 2015
Impreso por Createspace. ISBN-13: 978-1516867561 / ISBN-10: 1516867564
https://goo.gl/kVfvnu

Ecología y evolución de la endozoocoria

Tomás A. Revilla   Francisco Encinas-Viso

Apples did indeed drop. A stochastic model showed that the probability of apple drop increases through the summer and increases with the glucose concentrations.

Nabi (1981)

Introducción

Miles de especies de árboles poseen frutos que son consumidos por animales frugívoros. Los frugívoros son un gremio animal muy amplio taxonómicamente que incluye distintas especies de aves, mamíferos, reptiles, peces y algunos insectos (Levey et al., 2002). Lo primero que habría que preguntarse es ¿por que es ventajoso, por parte de las plantas, el que sus frutos sean consumidos? Existen tres hipótesis principales para explicar las ventajas de la dispersión de semillas por parte de frugívoros (Howe y Smallwood, 1982): (a) disminución de los elevados niveles mortalidad experimentados por semillas y plantulas cerca del árbol parental ("hipótesis de escape" o de "Janzen-Connell" Janzen, 1970; Connell, 1971); (b) aprovechamiento de hábitats menos competitivos que surgen al azar ("hipótesis de colonización"); y (c) germinación en lugares particularmente adecuados para el desarrollo ("hipótesis de dispersión dirigida"). El proceso de dispersión o transporte de semillas o esporas vegetales por agentes animales es conocido como *zoocoria*. Existen dos grandes tipos de zoocoria: la *epizoocoria*, donde las semillas son transportadas por adhesión a la superficie de los animales; y la *endozoocoria*, que involucra la dispersión de semillas a través del consumo de frutos por parte de los animales. Tanto en la epizoocoría como en la endozoocoría las plantas reciben el servicio de la dispersión, pero en el caso de la endozoocoría es también patente que los animales reciben un beneficio energético, es decir los frutos. En este capitulo, nos enfocamos en la ecología y evolución de la endozoocoria por la interesante interacción mutualista que ocurre entre las plantas y los animales dispersadores de semillas.

En interacciones mutualistas, generalmente se espera que la coevolución[1] (Thompson, 1989) tome un rol en la evolución de "coadaptaciones", termino que uso Darwin en su libro el *Origen de las Especies*. En interacciones planta-animal, tales como, interacciones planta-polinizador, planta-herbívoro y planta-dispersor de semillas, se ha propuesto que su coevolución es difusa[2] (Janzen, 1970), es decir, que existe coevolución entre gremios (*guild coevolution*; Thompson, 1989) porque los cambios evolutivos recíprocos ocurren entre grupos de especies (e.g. *plantas-polinizadores*, énfasis en lo *plural*) y no entre relaciones estrechas especie-especie (Herrera, 1985; Jordano, 1987; Thompson, 1989; Bascompte y Jordano, 2007). Por lo tanto, la mayoría de los cambios evolutivos en rasgos relacionados con la interacción que ocurren en una especie de planta, son el producto de la interacción con muchas especies de frugívoros. Parte de las razones propuestas para que la coevolución sea difusa entre plantas y dispersadores de semillas o frugívoros son las diferencias de movilidad, impredecibilidad espacial y temporal para la germinación de semillas, y diferencias en sus tasas evolutivas (Herrera, 1985). Para estudiar la evolución de adaptaciones relacionadas con la endozoocoria, podríamos comenzar con el caso mas sencillo, es decir, estudiar la evolución, y no la coevolución, de rasgos en las plantas o en los animales. Sin embargo, existe una razón para

---

[1]Definido como cambio evolutivo recíproco entre especies que interactúan.
[2]Traducido de "Diffuse coevolution".

estudiar este proceso principalmente en las plantas y no en los animales. A pesar de que aparentemente se trata de una interacción muy beneficiosa para ambos agentes, la viabilidad poblacional de las plantas depende críticamente del servicio ecológico brindado por los frugívoros. En cambio, los frugívoros poseen usualmente una gran diversidad de recursos disponibles para su consumo, lo cual no limita su supervivencia y reproducción tan drásticamente como en las plantas. Como vemos, existe cierta asimetría en términos de beneficio y costo entre plantas y animales que hace que las plantas sean mas dependientes en esta interacción mutualista (Bond y Slingsby, 1984; Traveset, 1998; Asquith et al., 1999; Boyd, 2001; Galetti et al., 2008; Guimares et al., 2008).

En este capitulo estudiaremos la endozoocoria desde la perspectiva de la planta, analizando su importancia ecológica y las fuerzas que la hacen evolucionar. Para este propósito, primero vamos a formular un modelo de la dinámica poblacional que incorpore aspectos fundamentales de la biohistoria vegetal, como pueden ser la producción de frutos, la tasa de frugivoría, y la sobrevivencia de las semillas. Esto permitirá determinar los efectos de los distintos parámetros del ciclo de vida en la viabilidad poblacional, así como también discernir bajo que condiciones la frugivoría resulta ventajosa para las plantas. Posteriormente estudiaremos la evolución de adaptaciones para (sin *telos*[3]) la endozoocoria, es decir rasgos que pueden resultar en el incremento de la frugivoría. Por simplicidad, el rasgo a considerar será el tamaño del fruto; sin embargo, estos pueden ser tan variados como el contenido de azúcares en la pulpa, la longitud de los pedúnculos que sostienen los frutos, el contenido de pigmentos, sustancias atrayentes, etc. (Howe y Smallwood, 1982; Gautier-Hion et al., 1985; Willson y Whelan, 1990; Kalko y Condon, 1998). Por un lado, la inversión en tales rasgos puede tener costos significativos y conllevar a trueques (Eriksson y Jakobsson, 1999; Alcántara y Rey, 2003; Pakeman y Small, 2009); mientras que por

---

[3] del griego τελος: propósito, finalidad, meta.

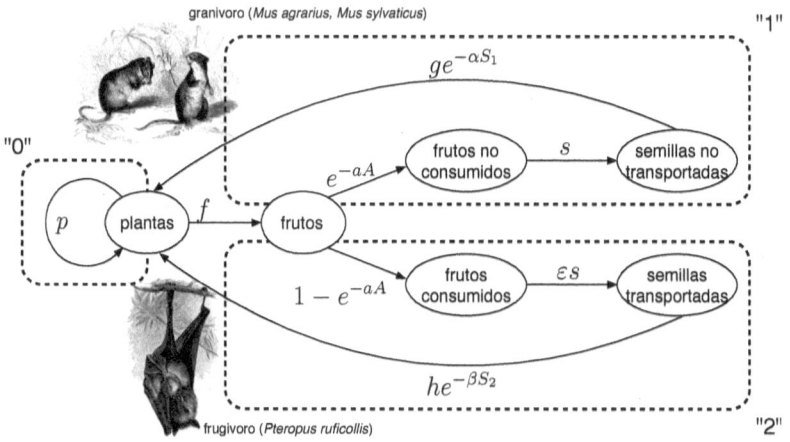

Figura 1: Ciclo de vida de una planta perenne. La ruta "0" corresponde a la supervivencia de la planta adulta. La ruta "1" correspondiente a la recluta a partir de semillas no transportadas, es muy arriesgada ya que las semillas están significativamente expuestas a la depredación, infecciones o competencia, mientras que en la ruta "2" un agente transportador, el frugívoro, dispersa las semillas lejos del árbol parental incrementando la supervivencia.

otro lado, la fisiología sensorial de los animales puede determinar si tales inversiones contribuyen al *fitness* (Kalko y Condon, 1998; Russo et al., 2006). El estudio del cambio en estos rasgos servirá también para introducir al lector dos metodologías de análisis evolutivo: optimización estática clásica (*Fitness Set*; Levins, 1962, 1968) y dinámica adaptativa (*Adaptive Dynamics*; Geritz et al., 1998; Diekmann, 2004).

Dinámica poblacional

Consideremos una especie de planta, un árbol. La Figura 1 muestra las transiciones que ocurren en su ciclo de vida, existiendo tres rutas que renuevan la población cada año. La ruta "0" corresponde a la supervivencia anual de plantas adultas. La ruta "1" corresponde al reclutamiento partiendo de los frutos no consumidos por frugívoros y la ruta "2" corresponde al reclutamiento a partir de frutos consumidos. En esta sección vamos a desarrollar y analizar un modelo determinístico que describa la dinámica poblacional de las plantas.

Modelo ecológico. Usaremos la información en la Figura 1 para encontrar una función F

$$P_{t+1} = F(P_t) \tag{1}$$

que nos permita usar la abundancia P en el año t para predecir la abundancia en el año $t + 1$.

Cada planta adulta tiene una probabilidad p de sobrevivir de un año hasta el siguiente, así que la contribución de la ruta "0" en la función F sera pP. Las contribuciones de "1" y "2" dependen de la cantidad de semillas S_1 y S_2 que transitan en cada ruta respectivamente. Para poder calcularlas consideremos lo siguiente. En primer lugar cada planta produce f frutos con s semillas, dando Pfs plantas potenciales. La probabilidad de que un fruto no sea consumido por ninguno de los frugívoros es e^{-aA} en donde a es la tasa de consumo y A es la abundancia de frugívoros, la cual consideraremos constante. El complemento $1 - e^{-aA}$, es la probabilidad de que el fruto sea consumido. Entre los frutos consumidos una fracción ε de las semillas sobrevive los efectos de la frugivoría (e.g. manipulación, masticación, digestión, etc). Entonces, los tamaños de las sub-poblaciones de "semillas no transportadas" S_1 (ruta "1") y "semillas transportadas" S_2 (ruta "2") son:

$$
\begin{aligned}
S_1 &= s e^{-aA} fP \\
S_2 &= \varepsilon s(1 - e^{-aA}) fP
\end{aligned}
\tag{2}
$$

En segundo lugar el desarrollo de las dos sub-poblaciones de semillas es distinto. Por un lado, la acumulación de semillas debajo del árbol parental atrae granívoros (e.j. roedores) y otros enemigos naturales (hipótesis de escape, Janzen, 1970; Connell, 1971). Las semillas dispersadas por animales se espera que eviten tales causas de mortalidad, o incluso que aprovechen circunstancias más favorables para el desarrollo (hipótesis de colonización y dispersión dirigida, Howe y Smallwood, 1982). Por otro lado ambas sub-poblaciones experimentarían controles denso-dependientes distintos. Todo esto significa que el número de semillas calculado en (2) tiene que multiplicarse por probabilidades de supervivencia denso-independientes así como denso-dependientes, para obtener el reclutamiento efectivo. Para la ruta "1" la probabilidad de supervivencia a factores denso-independientes es g mientras que para la ruta "2" es h. La probabilidad de sobrevivir a factores de mortalidad denso-dependientes, es $e^{-\alpha S_1}$ en el caso de la ruta "1" y $e^{-\beta S_2}$ para la ruta "2", en donde α y β pueden interpretarse como coeficientes de competencia tal como sucede en el modelo de Ricker (Case, 2000), o como tasas de ataque por parte de enemigos naturales (e.g. granívoros, parasitos, hongos, etc.).

Integrando las tres rutas podemos construir la función de recurrencia $F(P)$ indicada en (1):

$$F(P) = \underbrace{pP}_{"0"} + \underbrace{ge^{-\alpha S_1}S_1}_{"1"} + \underbrace{he^{-\beta S_2}S_2}_{"2"} \tag{3}$$

con S_1 y S_2 dadas por (2). De esta manera, la ecuación para la dinámica de la abundancia de plantas (1) se convierte en

$$
\begin{aligned}
P_{t+1} &= pP_t + ge^{-\alpha se^{-aA}fP_t}se^{-aA}fP_t + he^{-\beta \varepsilon s(1-e^{-aA})fP_t}\varepsilon s\left(1 - e^{-aA}\right)fP_t \\
&= F(P_t) = R(P_t)P_t
\end{aligned}
\tag{4}
$$

en donde

$$R(P) = p + fs\left[ge^{-\alpha fse^{-aA}P}e^{-aA} + \varepsilon he^{-\beta \varepsilon fs(1-e^{-aA})P}\left(1 - e^{-aA}\right)\right] \tag{5}$$

es la tasa multiplicativa, o simplemente la "tasa de crecimiento" percapita. Si $R > 1$ la población crece entre t y $t + 1$, si $R < 1$ la población decrece. Si $R = 1$ la población esta en equilibrio.

De acuerdo con las ventajas hipotéticas de la dispersión mencionadas en la introducción, es razonable suponer que $\beta < \alpha$ si los frugívoros en efecto "dispersan" las semillas por el paisaje, disminuyendo así la densidad local. También se esperaría que las semillas transportadas germinen frente a una acumulación importante de nutrientes (e.g. estiércol), haciendo que $h > g$. Un caso que merece especial atención es la dispersión por hormigas (mirmecocoria): luego de consumir los elaiosomas (estructuras ricas en proteínas y lípidos adosadas a las semillas de muchas especies) las semillas son desechadas en cámaras especiales junto a cadáveres de insectos, lo cual representa una importante fuente de nutrientes. En todos estos casos, la abundancia de recursos puede mitigar los costos de la competencia y aumentar la supervivencia. Sin embargo, los frugívoros también pueden "concentrar" las semillas en lugar de esparcirlas, aumentando la densidad local y por ende la competencia o el riesgo de atraer granívoros o parásitos; haciendo que $\beta > \alpha$. El balance entre todos estos factores es complejo (Howe, 1989; Wang y Smith, 2002). En adelante, y a menos que se indique lo contrario, supondremos que $h > g$ y $\beta < \alpha$, es decir, la ruta "2" es la más favorable para el reclutamiento.

Equilibrios y estabilidad.   Dado un valor inicial de abundancia, la aplicación repetida de (4) predice el tamaño poblacional en cualquier tiempo futuro. Si el tiempo transcurrido es suficientemente largo, la dinámica poblacional converge hacia un estado de equilibrio, un ciclo limite (oscilaciones regulares), o una dinámica caótica (fluctuaciones violentas e irregulares). Para los propósitos de este trabajo, es importante conocer las condiciones que conducen a estados de equilibrio estable en las poblaciones de plantas.

Un equilibrio cumple con $P_{t+1} = P_t = P^*$ para todo t. De acuerdo con (4) esto se cumple si $P^* = 0$, el estado donde la población esta ausente o extinta. Este "equilibrio trivial" o de extinción siempre existe. También existen un equilibrio si $R(P^*) = 1$ donde $P^* > 0$. Debido a que (5) involucra productos y sumas de exponenciales de P, no podemos obtener una solución analítica general para este caso. Sin embargo, es mucho mas importante averiguar si esta solución existe y como varía en función de los parámetros. R es una función monótona decreciente de P, con un valor máximo igual a:

$$R_0 = p + fs \left[ge^{-aA} + \varepsilon h \left(1 - e^{-aA} \right) \right] \qquad (6)$$

el cual ocurre cuando $P = 0$. Cuando $P \to \infty$ vamos a tener que $R \to p < 1$. Entonces si $R_0 > 1$, existe un único $P = P^* > 0$ tal que $R(P^*) = 1$: existe un equilibrio positivo, y es el único posible. Llamemos a este el equilibrio "equilibrio de viabilidad". En cambio si $R_0 < 1$, $R(P)$ esta siempre por debajo de 1: el único equilibrio posible es el equilibrio de extinción antes mencionado. R_0 es la "tasa crecimiento máxima", porque ocurre cuando los efectos negativos de la denso-dependencia son mínimos. Esta cantidad juega un papel muy importante en la viabilidad de una población.

La estabilidad de los equilibrios respecto a pequeñas perturbaciones en la abundancia depende de la derivada de la función de recursión $F(P)$ evaluada en el equilibrio (Case, 2000):

$$\lambda = \left. \frac{dF(P)}{dP} \right|_{P=P^*} = R(P^*) + P^* \left. \frac{dR}{dP} \right|_{P=P^*} \qquad (7)$$

Un equilibrio es localmente estable si $|\lambda| < 1$ e inestable si $|\lambda| > 1$. Para el caso del equilibrio de extinción $P^* = 0$ tenemos que $\lambda = R_0$; entonces, si $R_0 < 1$ el destino de esta población es extinguirse, puesto que el número de árboles en el año siguiente será menor que en el actual y así sucesivamente. Por el contrario si $R_0 > 1$ el número de árboles se incrementará año tras año, y el equilibrio de extinción es inestable.

	$a=0$	$a\to\infty$
$P_{t+1}=$	$P_t\left\{p+fsge^{-\alpha fsP_t}\right\}$	$P_t\left\{p+fs\varepsilon he^{-\beta\varepsilon fsP_t}\right\}$
Viable si $\quad R_0=$	$p+fsg>1$	$p+fs\varepsilon h>1$
Equilibrio de viabilidad $\quad P^*=$	$\frac{1}{\alpha fs}\ln\left(\frac{fsg}{1-p}\right)$	$\frac{1}{\beta\varepsilon fs}\ln\left(\frac{fs\varepsilon h}{1-p}\right)$
Estable si	$fs<\frac{1-p}{g}\exp\left(\frac{2}{1-p}\right)$	$fs<\frac{1-p}{\varepsilon h}\exp\left(\frac{2}{1-p}\right)$

Tabla 1: Soluciones del modelo dinámico (4) para condiciones de frugivoría nula $(a=0)$ o extrema $(a\to\infty)$.

Determinantes de la abundancia. Calcular el valor del equilibrio de viabilidad en función de los parámetros del modelo, así como su estabilidad de acuerdo con la Ecuación 7, resulta muy complicado. Por esto, vamos comenzar considerando dos escenarios extremos pero simples, los cuales permiten explorar el efecto de los distintos parámetros sobre el equilibrio y su estabilidad, y más adelante abordaremos casos más generales. En el primer escenario, la tasa de consumo es cero, lo cual equivale a bloquear la ruta "2" en la Figura 1. En un segundo escenario la tasa de consumo es tan grande, que casi todas las plantas se reclutan por la vía de los frugívoros, lo cual equivale a bloquear la ruta "1" en la misma Figura. La Tabla 1 indica como quedan las ecuaciones de recurrencia en ambos escenarios, así como también las condiciones de viabilidad, el equilibrio y su estabilidad.

Para los escenarios donde la frugivoría es nula $(a=0)$ o muy grande $(a\to\infty)$, la Tabla 1 nos indica que el equilibrio de viabilidad P^* pueden graficarse en función de la producción de semillas fs, tal como en la Figura 2A. Podemos ver que la relación presenta un máximo, así como también valor umbral para fs, debajo del cual $P^*=0$. La dependencia de P^* con respecto a la sobrevivencia a la frugivoría es cualitativamente similar, existiendo un valor mínimo de ε para la viabilidad. De acuerdo con la Tabla 1, la región de viabilidad $(R_0>1)$ a la derecha del umbral aumentaría con g y con εh.

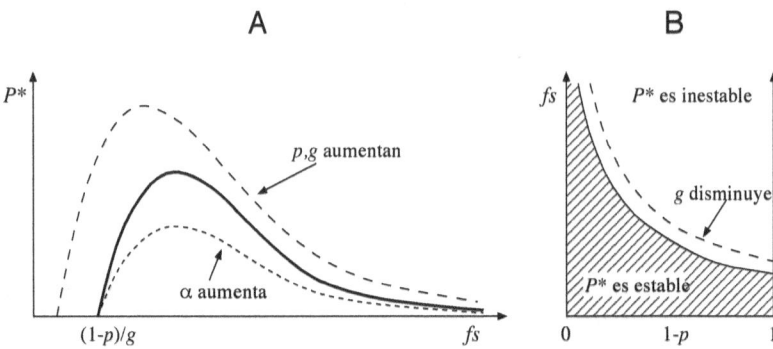

Figura 2: (A) Abundancias en el equilibrio en función de la producción de frutos (f) y semillas (s) cuando la tasa de frugivoría a es cero. Se muestra también el efecto de los otros parámetros (líneas de trazos). La gráfica es similar a cuando $a \to \infty$, sólo hay que cambiar g por h y α por β. (B) Regiones de estabilidad (relleno diagonal) e inestabilidad para el equilibrio en función de f, s y p (sobrevivencia adulta). El tamaño de la región estable crece al disminuir la probabilidad de sobrevivencia a factores de mortalidad denso-independientes (g).

La existencia de un máximo de abundancia es característica en el modelo Ricker (Case, 2000), el cual hemos usado para modelar los efectos de la denso-dependencia. Lo que sucede es que a mayor producción de semillas, menor será la cantidad de recursos disponibles por semilla, de manera que muy pocas logran alcanzar la etapa adulta. Este fenómeno se llama sobrecompensación o competencia de tipo *scramble*. Si la denso-dependencia es intensa (α, β elevados) se espera que P^* decrezca, sin cambio en el valor umbral de fs, ni del máximo de abundancia. El aumento en las probabilidades de supervivencia p, g y h, hacen que el umbral para fs disminuya, y que P^* aumente. En la Figura 2B representamos gráficamente la condición de estabilidad para el equilibrio de viabilidad de acuerdo con la Tabla 1. El equilibrio será estable para valores bajos de producción de semillas (fs) y valores altos de sobrevivencia adulta (p). La zona de estabilidad tiende a aumentar con el aumento en las probabilidades de mortalidad frente a factores denso-independientes (g o h bajo).

Para tratar escenarios más generales y realistas que los anteriormente descritos, tenemos que usar métodos numéricos para determinar P^*(método de bisección[4]). En la Figura 3 mostramos las soluciones para el equilibrio de viabilidad en función del número de frutos (f), la tasa de consumo de frutos (a) y la supervivencia de las semillas a la frugivoría (ε). Hemos supuesto que el número de semillas por fruto es $s = 1$, y que la supervivencia adulta p es bastante alta, lo cual se corresponde con la gran mayoría de especies de árboles. Esto último hace que los equilibrios sean estables (Figura 2B) para todas las combinaciones de parámetros usadas en este trabajo. Aunque las superficies de la Figura 3 lucen muy complicadas, a largo del eje f éstas son como en la Figura 2A: P^* crece con valores bajos de f, y decrece para valores altos (esto se ve mejor en las Figuras 3C,D). El valor mínimo de f requerido para mantener la viabilidad poblacional cambia con el valor de a, pero la forma precisa depende del valor ε, como veremos.

Cuando $\varepsilon = 0$ (Figura 3A) los frugívoros son explotadores puros, y en consecuencia, si la tasa de frugivoría aumenta la producción de frutos también tiene que aumentar para que la población sea viable ($P^* > 0$). Sin embargo, también podemos ver que en la región donde la población es viable las abundancias de equilibrio tienden a aumentar con la tasa de frugivoría, para luego caer rápidamente causando la extinción. La explicación para este patrón es muy sencilla: a menos que la depredación sea excesiva, la reducción en el número que semillas que germinan hace que la intensidad de la competencia disminuya, y así un mayor número de plantulas llegan a la fase adulta; como resultado existe un nivel intermedio de consumo de semillas que maximiza la abundancia. Abrams y Matsuda (2005)

---

[4]http://es.wikipedia.org/wiki/Método_de_bisección

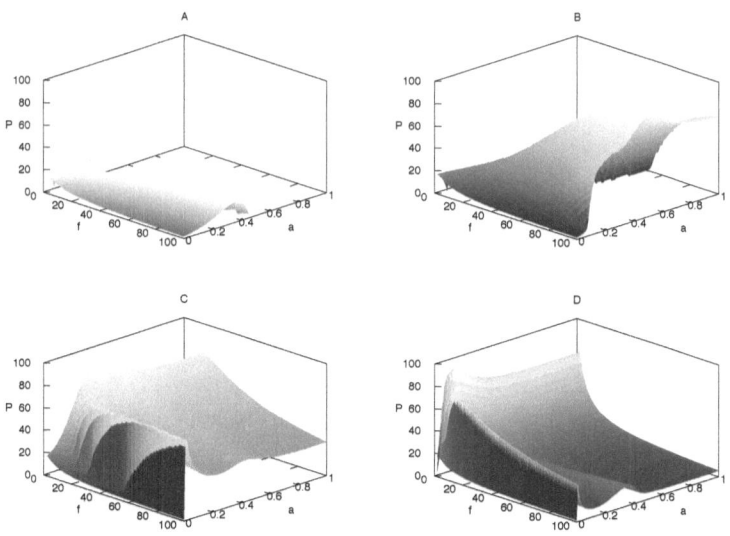

Figura 3: Abundancias en el equilibrio de viabilidad P^* en función del número de frutos por planta f y la tasa de consumo a, para cuatro valores de la tasa de supervivencia a la frugivoría. (A) $\varepsilon = 0$, (B) $\varepsilon = 0{,}01$, (C) $\varepsilon = 0{,}1$ y (D) $\varepsilon = 0{,}9$. Los demás parámetros son $p = 0{,}9; s = 1; g = 0{,}1; h = 0{,}2; \alpha = 0{,}02; \beta = 0{,}01$ y $A = 10$.

han dado a este fenómeno el nombre de "Efecto Hidra"[5].

En realidad, una fracción no nula de semillas siempre sobrevivirá a la frugivoría, y esto tiene consecuencias importantes porque la relación entre la abundancia y ε no es simple. Por ejemplo, si apenas el 1 % de las semillas sobrevive los efectos de la frugivoría, la región del plano f vs a en donde la población es viable crece considerablemente, y las abundancias son bastante altas (Figura 3B). Aquí también podemos notar el efecto hidra antes mencionado. Subsecuentes incrementos de ε harán crecer la zona de viabilidad poblacional hasta cubrirse la mayor parte del plano f vs a, pero las

---

[5]Por el mito de la Hidra de Lerna: cada vez que Hércules le cortaba una cabeza a la Hidra, le crecían dos cabezas mas.

abundancias en la mayor parte del plano decrecerán (Figura 3C y D).

A partir de la Tabla 1 y de la Figura 2A, concluiríamos que si la supervivencia de semillas transportadas es mayor que para las no transportadas $(h > g, \alpha > \beta)$, deberíamos esperar un efecto positivo de la frugivoría en el equilibrio poblacional. Esto se puede verse en las Figuras 3C y D, en donde la curva P^* vs f es mas alta para $a = 1$ en comparación con $a = 0$ (téngase en cuenta que $a = 1$ es tan alto, que $A = 10$ animales bastan para que $100 \times e^{-1 \times 10} \approx 99{,}99\%$ de las frutas sean consumidas). Sin embargo, las mayores abundancias ocurren para valores intermedios de la tasa de frugivoría. La sinergia entre la relación modal P^* versus f (Figura 2A) y el efecto hidra puede explicar el pico de abundancia cercano al origen y las dos "cordilleras" que corren paralelas a los ejes f y a. La posición de la pequeña cresta de densidad de la Figura 3D (y también en la parte C, aunque insignificante), coincide casi a la perfección con la cresta de la Figura 3A, i.e. los máximos de densidad causados por el efecto hidra. Todo esto parece indicar que el efecto hidra es ecológicamente muy importante.

Evolución de la endozoocoria

La tasa de frugivoría depende tanto de las plantas como de los frugívoros. Supongamos que no existen presiones selectivas sobre los frugívoros, es decir, que no están forzados a coevolucionar con las plantas (c.f. Introducción, Herrera, 1985). En este caso, los frugívoros se convierten en una condición ambiental constante para las plantas, las cuales experimentan presiones selectivas que resultarán en el aumento o la disminución de la tasa de frugivoría a. Entonces, en escenarios donde la dispersión por parte de los frugívoros es ventajosa para las plantas deberíamos esperar la evolución de la endozoocoria, es decir, de adaptaciones por parte de la planta que hagan a los frutos mas atractivos o detectables para los frugívoros, aumentando a. Esto puede lograrse si las plantas aumentan la cantidad de algún rasgo cuantitativo z, tal como, el tamaño de fruto (Wheelwright, 1993), elaiosomas (Mark y Olesen, 1996), la cantidad de pigmento (Willson y Whelan, 1990), estructuras de soporte de los frutos (Kalko y Condon, 1998), etc. Dicho aumento tiene un costo, es decir, se desvían recursos que pueden usarse para hacer mas frutos o semillas (Mark y Olesen, 1996; Eriksson y Jakobsson, 1999), o estructuras fotosintéticas o estructurales (Kalko y Condon, 1998).

Tomando en cuenta los costos involucrados, cabría preguntarse ¿En qué dirección evolucionará la endozoocoria? y ¿Cuánto? En esta sección abordaremos dicho problema. Para ello comenzaremos formulando el trueque entre el número de frutos f y el rasgo a evolucionar z (e.g. cantidad de mesocarpio, pigmento, etc). Consideraremos también la forma de la relación entre la tasa de frugivoría a y el rasgo z. Finalmente, siendo la tasa de crecimiento R la medida cuantificadora del *fitness*, usaremos dos criterios distintos de optimización (*fitness set*, Levins, 1962 y *adaptive dynamics*, Geritz et al., 1998) para estudiar la trayectoria evolutiva de la endozoocoria.

Trueques. Ciertas adaptaciones son mas costosas que otras. Por ejemplo, supóngase que existe una cantidad fija de recursos por planta destinada a la producción de mesocarpio, y z es la cantidad de mesocarpio por fruto (e.g. gramos). Los frutos con mucho mesocarpio serán los más atractivos para los animales. Si los frutos son esferas de densidad uniforme y sus tamaños varían isométricamente, puede demostrarse que el número máximo de frutos que se pueden producir decrece con z de acuerdo a $f \propto z^{-1}$ (e.g. $f \times z \propto b$; b: cantidad de recursos destinada para la producción de frutos). Así, con valores bajos de z, su aumento produce una caída rápida en f, y concluimos que el tamaño del fruto sería un rasgo relativamente costoso. Ahora en cambio, supongamos que z es mas bien la cantidad de un pigmento que induce o facilita la frugivoría.

Podemos imaginar que dicho pigmento es un producto secundario cuyo aumento esta ligado a la producción de compuestos que benefician a la planta (e.g. pigmentos fotosintéticos, o toxinas defensivas, Cipollini y Levey, 1997). En estos casos el incremento en z sería inicialmente muy poco (o nada) costoso, es decir f experimentaría una caída muy lenta para valores bajos de z, y solo cuando z sea muy grande la producción de frutos caería precipitadamente.

La relación o trueque entre el número máximo de frutos y el rasgo que promueve la frugivoría se puede modelar usando la relación:

$$\left(\frac{f}{\phi}\right)^{\theta} + \left(\frac{z}{z_0}\right)^{\theta} = 1 \qquad (8)$$

mostrada en la Figura 4, en donde ϕ es la producción máxima de frutos, cuando $z = 0$, y z_0 es el valor del rasgo para el cual la producción cae hasta cero. θ es un parámetro que determina cuán costoso resulta el aumento de z. Cuando $\theta < 1$ el número de frutos cae aceleradamente, lo que se corresponde con costos altos. Cuando $\theta > 1$ el número de frutos cae mas lentamente, lo que se corresponde con costos bajos. Sin pérdida de generalidad, vamos a suponer que $z_0 = 1$ de forma que $0 \leq z \leq 1$ y

$$f(z) = \phi \left(1 - z^{\theta}\right)^{\frac{1}{\theta}} \qquad (9)$$

Tasa de frugivoría. Siempre que el tamaño no sea un estorbo (Wheelwright, 1985), muchos frugívoros prefieren los frutos grandes (Wheelwright, 1993; Julliot, 1996). El contraste de los frutos con respecto al follaje también influencia su detectabilidad (Cazetta et al., 2009). Supondremos entonces que la tasa de frugivoría a depende positivamente del rasgo z. La forma de esta relación dependerá de las características sensoriales y conductuales de los frugívoros, puesto estos deciden si consumir los frutos o no. Como ilustración

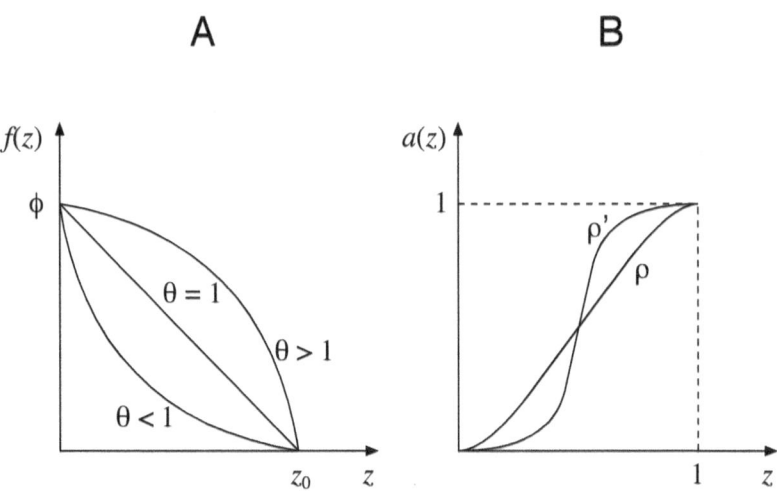

Figura 4: (A) Trueque entre el número de frutos f, y el rasgo que promueve la frugivoría z. El parámetro θ esta inversamente relacionado con el costo del rasgo. (B) Dependencia entre la tasa de frugivoría a y el rasgo z. Valores altos del parámetro ρ indican menor perceptibilidad por parte de los frugívoros.

imaginemos dos tipos hipotéticos de frugívoros: uno con altísima perceptibilidad o poco exigente[6] y otro con bajísima perceptibilidad o muy exigente. Para un frugívoro del primer tipo, la tasa de frugivoría aumenta proporcionalmente con z, es decir si z se duplica a se duplica. En cambio, para un frugívoro del segundo tipo, la respuesta tiene la forma de un escalón: por debajo de cierto umbral $z = \zeta$ la tasa de frugivoría es cero y por encima del umbral la tasa es máxima, digamos que $a = 1$. En realidad, sería más razonable y general suponer que $a(z)$ es una curva sigmoidea (con forma de "s"). Esto significa que a aumenta aceleradamente para valores bajos de z y con rendimientos decrecientes para valores altos de z. Semejante

---

[6]Del inglés *choosy*.

relación se puede modelar usando la función:

$$a(z) = \frac{1}{1 + \exp(-\rho(z - \zeta))} \tag{10}$$

en donde ρ es un parámetro inversamente relacionado con la perceptibilidad de los frugívoros, o alternativamente, directamente relacionado con su exigencia. A medida que ρ crece, $a(z)$ se parece cada vez más a la función de tipo escalón antes descrita, con un umbral de "percepción" o "escogencia" en torno a $z = \zeta$. El rango de variación de a cambia con ρ, pero la siguiente transformación:

$$a(z) = \frac{a(z) - a(0)}{a(1) - a(0)} \tag{11}$$

hace que se mantenga entre $a = 0$ (sin frugivoría) y $a = 1$ (frugivoría extrema, ver seccion 2.3). La forma de $a(z)$ puede verse en la Figura 4. A menos que se indique lo contrario, asumiremos que el umbral del frugívoro es $\zeta = \frac{1}{2}$, justo en el centro del rango de variación permitido para z de acuerdo con la función de trueque (9).

Selección denso-independiente.   Imaginemos que las condiciones de crecimiento son denso-independientes. Esto puede ocurrir durante la invasión de una isla, un nuevo rango geográfico, o después de una catástrofe. En este caso, el *fitness* de la planta viene dado por la tasa de crecimiento máxima R_0. La evolución del rasgo z ocurrirá en la dirección que incremente R_0 y se detendrá cuando R_0 sea máximo. El valor óptimo de z puede determinarse empleando el método del *fitness set* de Levins (1962). Para ello lo primero que debemos hacer es representar el conjunto de todos los fenotipos posibles, es decir todos los pares de valores (z, f) permitidos por el trueque (9). Este es el *fitness set*, mostrado en la Figura 5. En la misma figura podemos representar diferentes valores de R_0 como función de z y f usando la Ecuación 6: lo que veríamos sería una serie de curvas de nivel o isoclinas de una "montaña de *fitness*". La selección natural favorece los fenotipos que "asciendan" la montaña. Sin embargo, los costos impiden a los fenotipos ascender mas allá de la frontera del *fitness set*. Entonces, esperaríamos la evolución de fenotipos que primero se acercan hasta la frontera; y luego los únicos cambios favorables serán aquellos donde R_0 aumente a lo largo de la frontera hasta encontrarse con un máximo de *fitness*, que es el punto de tangencia entre la frontera y una de las isoclinas. La forma del trueque (10), la forma de la función de frugivoría (11), y las condiciones iniciales, van a determinar la evolución de la endozoocoria.

En la en la Figura 5, cuando $\varepsilon h > g$ la montaña de *fitness* crece hacia arriba y hacia la derecha. En la sección 2 mencionamos que bajo estas condiciones la frugivoría es favorable para las plantas porque las semillas transportadas experimentan una mayor supervivencia que las no transportadas. Imaginemos una situación sencilla en donde costo del rasgo es alto $(\theta < 1)$. El *fitness* set sera cóncavo tal como se muestra en la Figura 5A. En este caso la isoclina mas alta coincide con la curva de trueque en $z = 0$, mientras que las demás isoclinas son globalmente inferiores (menor *fitness*) o inalcanzables. En conclusión, sin importar el punto de partida, la selección favorece la disminución del rasgo y la desaparición de la endozoocoria.

Considérese ahora que el costo del rasgo es bajo $(\theta > 1)$, lo cual resulta en un *fitness* set convexo tal como se muestra en la Figura 5B. En este caso la isoclina mas alta es tangente a la frontera de fenotipos para un valor de $z > 0$. Todas las demás isoclinas son globalmente inferiores o inalcanzables como en el caso anterior. Aquí concluimos que, sin importar la situación de partida, la selección favorece la evolución de la endozoocoria.

Finalmente véase el caso mostrado en la Figura 5C, en donde el valor de ρ es bastante alto. Esto significa que se requiere de una gran inversión por parte de la planta para incitar el interés de los frugívoros en sus frutos. Por una parte, cerca de $z = 0$ tenemos una situación que es cualitativamente idéntica a la presentada en la

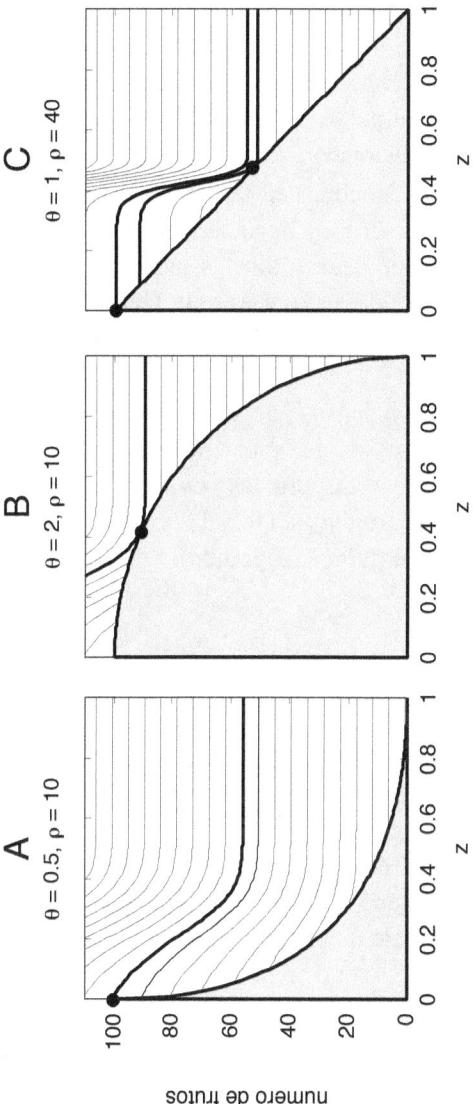

Figura 5: Determinación del valor óptimo del rasgo z asociado con la endozoocoria, bajo selección denso-independiente. La región pintada es gris es el conjunto de todos los fenotipos posibles, el *fitness set*. La líneas son isoclinas de la tasa crecimiento máxima R_0, comenzando por $R_0 = 1$ y aumentando hacia arriba y a la derecha. (A) Cuando el rasgo es muy costoso ($\theta < 1$) el fitness set es cóncavo; el fenotipo óptimo es $z = 0$ y la endozoocoria es desfavorable. (B) Cuando el rasgo es poco costoso ($\theta > 1$) el *fitness* set es convexo; el fenotipo óptimo es $z > 0$ y la endozoocoria es favorable. (C) Si los animales tienen muy baja perceptibilidad (ρ alto) puede darse una situación en donde existen dos óptimos locales, uno en donde la endozoocoria es favorable y el otro en donde no lo es. Parámetros: $\phi = 100$ y los demás son como en la Figura 3D ($\varepsilon = 0,9$).

Figura 5A: la selección no favorece la endozoocoria y esta desaparece. Por otra parte, existe una zona de valores intermedios para z que es cualitativamente idéntica a la presentada en la 5B: la selección favorece el mantenimiento de la endozoocoria. En consecuencia, dependiendo del punto de partida dentro *fitness* set, la endozoocoria puede o no evolucionar.

Si $\varepsilon h < g$ el patrón de las isoclinas en la Figura 5 se invierte: la montaña de *fitness* crece hacia arriba y hacia la izquierda. Bajo estas condiciones la supervivencia de las semillas es menor cuando estas son transportadas por los frugívoros. Aquí es muy fácil concluir que todas la configuraciones iniciales conducirían a la desaparición de la endozoocoria.

Resumiendo, bajo selección denso-independiente las condiciones que favorecen la evolución de la endozoocoria son: mayor supervivencia para las semillas transportadas ($\varepsilon h > g$), costos bajos para el rasgo que promueve la frugivoría ($\theta > 1$), y una respuesta de tipo umbral por parte de los frugívoros (ρ grande).

Selección denso-dependiente. Cuando las dinámicas ecológicas son denso-dependientes, por ejemplo en un bosque saturado de árboles, ya no podemos usar la tasa de crecimiento máxima R_0 como criterio de *fitness*. De hecho en condiciones de equilibrio, la tasa de crecimiento R, que es dependiente de la abundancia tal y como esta definida en (5), tiene un valor constante de 1 para cualquier fenotipo. Por otra parte, las isoclinas de *fitness* no se pueden definir sin ambigüedad dado que estas dependen de la densidad, que a su vez depende de los parámetros (y de una forma complicada, tal como lo muestra la Figura 3). Por ende, ya no sería adecuado usar el método del *fitness* set. En contextos denso-dependientes, si queremos determinar en que sentido evoluciona un rasgo deberíamos usar un análisis de invasión evolutivo (Dinámica Adaptativa). Este análisis consiste en determinar si un mutante surgido de una población en equilibrio es capaz de crecer y sustituir a la población original, haciendo que el valor del rasgo en la nueva población cambie.

Dinámica adaptativa. Considérese una población asexual monomórfica para el rasgo bajo selección, es decir $z = x$ para todos los individuos (e.g. los frutos son de "x centímetros"). Este fenotipo "residente" está en un equilibrio de viabilidad estable de acuerdo con los criterios expuestos en la sección 2 (mantendremos el supuesto de estabilidad todo el tiempo). Supongamos que aparece un fenotipo "mutante" con $z = y \approx x$ (e.g. sus frutos son apenas un poco mas grandes o mas pequeños), y densidad inicial muy baja (e.g. un individuo). Si la mutación es desventajosa, pues ésta se extingue junto con el mutante y el rasgo en la población residente seguirá siendo $z = x$. Si la mutación es ventajosa, el mutante desplazará al residente y el rasgo en la nueva población residente sera $z = y$. Como la escala de tiempo ecológica es mucho menor que la escala de tiempo necesaria para la aparición de mutaciones, podremos analizar el éxito o el fracaso de la invasión de un solo fenotipo mutante contra un solo fenotipo residente a la vez (i.e. no pueden ocurrir dos o más mutaciones simultáneamente).

Puesto que el mutante es inicialmente raro, la población residente no será (inicialmente) afectada por la mutación: esta en equilibrio y por lo tanto su tasa de crecimiento es $R_{res} = 1$. Desde la perspectiva del mutante, la situación es claramente distinta: su tasa de crecimiento es función de su rasgo $z = y$, y de las condiciones ambientales creadas por el residente con rasgo $z = x$, es decir $R_{mut} = R(y,x)$. El análisis de invasión evolutivo o Dinámica Adaptativa, consiste en determinar si el *fitness* de invasión del mutante $R(y,x)$, es mayor que 1, conduciendo al reemplazo del residente por el mutante; o menor que 1, conduciendo a la extinción del mutante. Según nuestro modelo ecológico $R(y,x)$ vendría dado por:

$$R(y,x) = p + f(y)s \left[G(x)e^{-a(y)A} + \varepsilon H(x)\left(1 - e^{-a(y)A}\right) \right] \quad (12)$$

donde

$$G(x) = g\exp\left[-\alpha f(x)se^{-a(x)A}P(x)\right]$$

$$H(x) = h\exp\left[-\beta\varepsilon f(x)s(1-e^{-a(x)A})P(x)\right]$$

La derivación de $R(y,x)$ se explica a continuación. En la ecuación para R (5) los parámetros f y a dependen del rasgo z y existen dos valores $z = x$ para el residente, $z = y$ para el mutante. Esto hace que para el mutante $f = f(y)$ y $a = a(y)$ lo cual es explicito en (12). Por otro lado, las cantidades G y H son el producto de las probabilidades de supervivencia denso-independientes y denso-dependientes en las rutas "1" y "2" respectivamente, en la Figura 1. Asumiendo que inicialmente los mutantes son raros y los residentes abundantes, los efectos denso-dependientes son solamente función de los residentes, y, por lo tanto, G y H son funciones de x pero no de y.

A lo largo de la linea $y = x$ tenemos que $R(y,x) = R(x,x) = 1$. Como $y \approx x$ los mutantes tendrán valores del rasgo ligeramente por arriba o por debajo de la línea $y = x$ donde $R(y,x) \neq 1$. Si $R(y,x) > 1$, el mutante sustituirá al residente y el valor del rasgo cambiara de $z = x$ (antiguo residente) a $z = y$ (antiguo mutante, nuevo residente). Si $R(y,x) < 1$ el mutante se extinguirá y el valor del rasgo en la población se conserva. Los cambios de signo se pueden representar en un gráfico de invasión pareado, o PIP (*pairwise Iinvasibility plot*), tal y como está representado en la Figura 6. En un PIP, la diagonal $y = x$ representa una isoclina donde $R(y,x) = 1$, y es también el "sendero" alrededor del cual ocurren las mutaciones. Los signos "+" corresponden a elevaciones en la montaña de *fitness* con respecto al sendero, mientras que los signos "-" corresponden a depresiones. Además de la diagonal, el PIP muestra otras isoclinas donde $R(y,x) = 1$, que resultan de la existencia de trueques entre los parámetros. Las intersecciones entre estas isoclinas y la diagonal se denominan "puntos singulares"[7].

---

[7]También denominadas "estrategias evolutivas singulares".

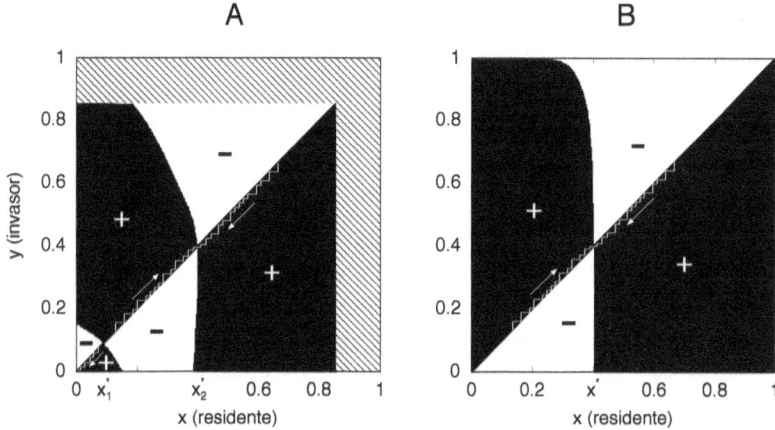

Figura 6: Gráficos de invasión pareados o PIPs para el *fitness* de invasión (12). El eje horizontal representa el valor del rasgo en la población residente, mientras que el eje vertical representa el rasgo en un mutante. Las zonas "+" y "-" indican, respectivamente, combinaciones del rasgos del residente y del mutante para las cuales el mutante invade o se extingue. Las zonas rayadas (si existen) indican valores del rasgo (en residentes y mutantes) para los cuales la población no es viable ($R_0 < 1$). La invasión exitosa del mutante llevara a la extinción del residente con el mutante convirtiéndose en el nuevo residente. La sustitución selectiva ocurre en torno a la diagonal $y = x$. (A) Cuando el rasgo es costoso ($\theta = \frac{1}{2}$) el existen dos puntos singulares, el repulsor evolutivo $x_1^* = 0,09$ y una estrategia evolutiva y convergentemente estable $x_2^* = 0,397$. Dependiendo de las condiciones iniciales la endozoocoria desaparece ($z \to 0$) o se establece ($z \to x_2^*$). (B) Si el rasgo es poco costoso ($\theta = 2$) el único punto singular $x^* = 0,4$ es una estrategia evolutivamente estable y convergentemente estable. Sin importar las condiciones iniciales, la endozoocoria evoluciona ($z \to x^*$). Los parámetros son los mismos que en la Figura 3D ($\varepsilon = 0,9$) con $\phi = 100; \rho = 20$.

Las mutaciones son "saltitos" a lo largo del sendero $y = x$, las cuales son seleccionadas favorablemente sólo si intentan ascender la montaña; es decir, cuando saltan hacia "+". Usando el PIP concluimos que el valor del rasgo crecerá sí y sólo sí el gradiente del *fitness* de invasión sobre la diagonal $y = x$ y en la dirección del eje y es positivo, i.e. $\partial R(y,x)/\partial y > 0$. Si por contrario $\partial R(y,x)/\partial y < 0$, el rasgo evolucionara hacia valores inferiores. El rasgo puede acercarse o alejarse de determinados puntos singulares, es decir la evolución puede ser convergente o divergente. En un punto singular el gradiente de selección en la dirección y se hace nulo $\partial R(y,x)/\partial y = 0$, es decir $R(y,x)$ tiene un valor extremo a lo largo del eje y (i.e. muy cerca del punto singular, una linea vertical atravesará regiones con el mismo signo). Si el punto singular es un máximo, lo llamaremos una Estrategia Evolutivamente Estable (EEE), puesto que cualquier mutante cercano, al tener un *fitness* inferior a 1, no puede invadir. Si el punto es un mínimo de *fitness*, entonces éste no es una EEE. Hay que tener presente que un punto singular puede ser o no ser una EEE independientemente de ser o no ser convergentemente estable, y viceversa (Geritz et al., 1998).

En la Figura 6 usamos PIPs para mostrar la evolución del rasgo asociado a la endozoocoria cuando la supervivencia de las semillas transportadas es mayor que para las no transportadas ($\varepsilon h > g$), y cuando la competencia es mayor para las semillas no transportadas ($\alpha > \beta$). Tanto para costos altos ($\theta < 1$) como para costos bajos ($\theta > 1$) existe un punto singular x^* que es un atractor evolutivo, y que además no puede ser invadido por ningún mutante. Este punto es una EEE y también es "convergentemente estable" (Geritz et al., 1998). En el caso de la Figura 6A, en donde $\theta < 1$, existe un punto singular adicional que es lo opuesto de a atractor evolutivo, un repulsor. Se trata de un mínimo de *fitness* en torno al cual la selección es disruptiva: si el rasgo en el residente es inferior al punto, la evolución hará que $z \to 0$ y la endozoocoria desaparecerá; si el rasgo es superior, éste crecerá hasta alcanzar la EEE antes mencionada. Esto significa que cuando los costos de inversión destinados a aumentar la frugivoría son altos, la evolución de la endozoocoria dependerá de los fenotipos iniciales. En la parte B de la figura, en donde $\theta > 1$, dicho repulsor no existe y el atractor evolutivo es globalmente estable. Esto significa que cuando los costos son bajos, la endozoocoria es siempre ventajosa sin importar

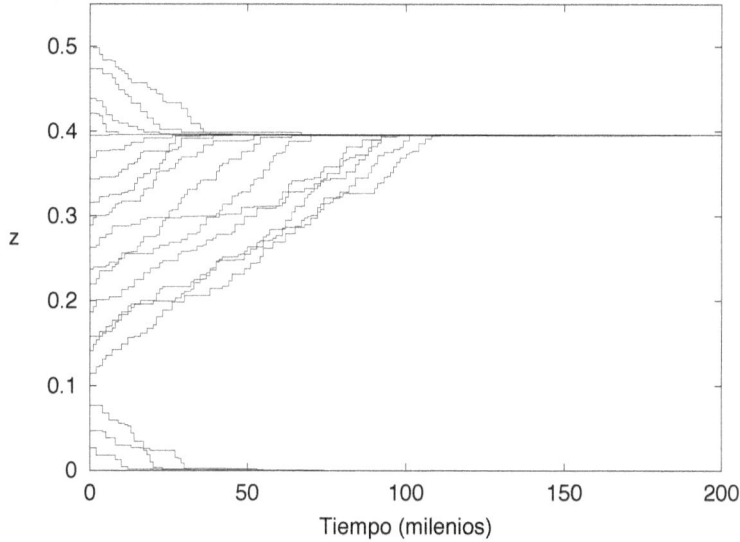

Figura 7: Evolución en el escenario indicado por la Figura 6A. Se muestran 20 trayectorias evolutivas independientes que difieren en el fenotipo de partida $x = x_0$, el cual esta uniformemente espaciado entre 0 y 0.5. Al inicio y cada 1000 años se genera un mutante con $y = x + \delta$, en donde δ es una variable aleatoria uniformemente distribuida en $[-0{,}01, +0{,}01]$. Si el mutante desplaza al residente el valor del rasgo cambia de $z = x$ a $z = y$. Para $x_0 > 0{,}1$ el rasgo converge a $z \approx 0{,}4$ que es muy cercano a la estrategia convergentemente estable $x_2^* = 0{,}397$ en el correspondiente PIP. Por debajo de $0{,}1$ el rasgo $z \to 0$.

las condiciones iniciales.

La Figura 7 muestra una simulación de la evolución del rasgo para el escenario expuesto en el PIP de la Figura 6A. Cada trayectoria evolutiva consiste de una secuencia de eventos alternados de mutación y competencia entre mutante y residente. El resultado de cada competencia se decide mediante un análisis de invasión mutuo, en donde invasor y residente intercambian roles. De esta manera, cada vez que ocurre una mutación, el valor del rasgo se actualiza de $z = x$ a $z = y$ únicamente cuando el mutante es capaz de invadir al residente y el residente (siendo invasor) es incapaz de invadir al mutante (siendo residente). Las ecuaciones de competencia se obtienen a partir de la ecuación de recurrencia (4); en donde la ecuación del residente es:

$$P_x' = \left\{ p + f(x)s \left[G_x(x,y)e^{-a(x)A} + \varepsilon H_x(x,y) \left(1 - e^{-a(x)A} \right) \right] \right\} P_x$$
(13)

donde $P = P_t$ y $P' = P_{t+1}$ y

$$G_x(x,y) = g \exp \left[-\alpha \left(f(x)se^{-a(x)A}P_x + f(y)se^{-a(y)A}P_y \right) \right]$$

$$H_x(x,y) = h \exp \left[-\beta \varepsilon \left(f(x)s(1 - e^{-a(x)A})P_x + f(y)s(1 - e^{-a(y)A})P_y \right) \right]$$

mientras que la ecuación del mutante es igual pero intercambiando x con y. Tal y como esta indicado en el PIP (Figura 6A), la prevalencia de la endozoocoria dependerá de los fenotipos iniciales.

Los patrones de los PIPs (Figuras 6A y B) no son sólo muy sensibles a los costos (θ), sino también a cambios en los demás parámetros. Entre estos parámetros, aquellos relacionados con la interacción planta-frugívoro ε, A y ρ se cuentan entre los mas importantes. A continuación vamos a resumir sus efectos en la evolución de la endozoocoria.

Efecto de la supervivencia a la frugivoría. (ε). Las plantas son capaces de desarrollar estrategias tendientes a incrementar las oportunidades de germinación de las semillas consumidas (Murray et al., 1994; Traveset, 1998; Vander Wall, 2010). El aumento en ε no produce cambios significativos en la posición del atractor evolutivo (puntos x_2^* y x^* en Figuras 6A y B respectivamente), pero si produce un acercamiento considerable hacia el origen en el repulsor evolutivo (x_1^* en Figura 6A). Así pues, el incremento en la supervivencia a la frugivoría facilita la prevalencia de la endozoocoria.

Efecto de la abundancia animal. (A). En contextos ecológicos reales la abundancia de los frugívoros es una variable dinámica acoplada a la dinámica vegetal, puesto que estos son afectados por la competencia, depredación, caza y destrucción de su hábitat (Wright, 2003).

El aumento de *A* mueve todos los puntos singulares hacia el origen. Esto contribuye a la desaparición del repulsor evolutivo y a que la endozoocoria sea globalmente favorable, pero también limita el aumento del rasgo asociado con la endozoocoría. Esto ultimo es muy lógico desde una perspectiva puramente explotativa: si el número de frugívoros disponibles (un recurso para la planta) es suficientemente alto, la probabilidad de que una fruta sea consumida y sus semillas transportadas a sitios favorables es muy alta; esto hace que las presiones selectivas para que las frutas sean mas atractivas o detectables para los frugívoros, sean bajas.

Efecto de la perceptibilidad o exigencia. (ρ). Aumentar ρ produce el alejamiento de todos los puntos singulares respecto al origen, pero el repulsor se aleja mas rápido. De hecho el aumento de ρ puede crear un repulsor evolutivo incluso cuando rasgo es poco costoso $(\theta > 1)$. En general, el aumento en ρ induce aumentos progresivamente menores en el rasgo asociado con la endozoocoria, así como también una reducción en el rango de fenotipos que evolucionen hacia ésta. Una baja perceptibilidad por parte de los frugívoros o una alta exigencia (ρ alto), hace que los costos necesarios para incitar una respuesta en éstos por parte de las plantas no se compensen con los beneficios de dispersión recibidos.

Ramificación evolutiva. Hasta este momento hemos supuesto todo el tiempo que el efecto negativo de la denso-dependencia para las plantas que germinan de frutos consumidos es menos intenso que para aquellas que germinan de frutos no consumidos, es decir $\beta < \alpha$ en la Figura 1. Esto es razonable en muchas interacciones planta-animal y es quizá una de los incentivos mas importantes detrás de la evolución de la endozoocoria. Sin embargo, esto no se cumple siempre. Algunos animales actúan como concentradores de semillas por varias razones (Howe, 1989), pudiendo ocasionar que los efectos negativos de la denso-dependencia sean intensos en el caso de las semillas "dispersadas", es decir $\beta > \alpha$. Esto no es debido solamente a la competencia, sino también por otras causas: la

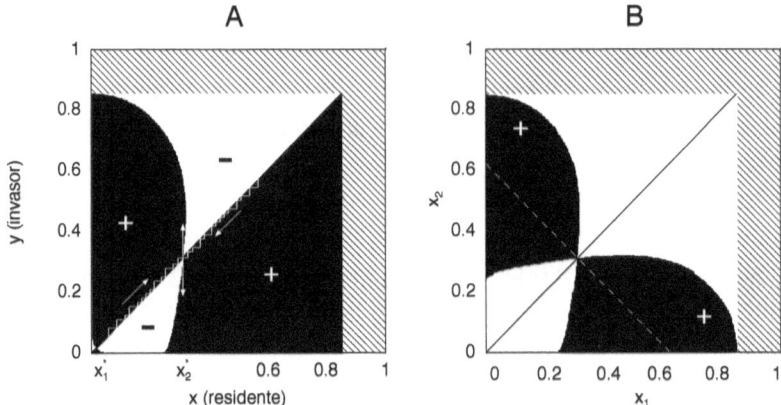

Figura 8: (A) PIP para un escenario en donde la estrategia convergenmente estable no es evolutivamente estable. Tenemos un punto singular en $x_1^* = 0,012$ que es un repulsor evolutivo, y un punto singular $x_2^* = 0,306$ que es convergentemente estable. En relación con el eje y, x_2^* se sitúa sobre un mínimo de *fitness*. Por lo tanto x_2^* es invadible por mutantes con valores del rasgo superiores $(y > x_2^*)$ e inferiores $(y < x_2^*)$. (B) Reflexión del PIP respecto a la diagonal mostrando las zonas de solapamiento de las regiones "+". La intersección de la línea anti-diagonal (trazos) con regiones "+" a ambos lados de x^* indica la existencia de pares de fenotipos que pueden invadirse mutuamente, dando lugar a un polimorfismo. Parámetros: $\phi = 100, \theta = \frac{1}{2}, \rho = 10, \alpha = 0,01, \beta = 0,05$ y el resto tal y como en la Figura 3D $(\varepsilon = 0,9)$; el punto de inflexión para $a(z)$ se encuentra situado en $\zeta = \frac{3}{4}$.

acumulación de semillas también atrae granívoros, o puede facilitar la transmisión de infecciones. Entonces, existiendo condiciones que faciliten la evolución de la endozoocoria ($h > g$, ε grande, A bajo), la selección natural empujaría a las poblaciones hacia situaciones ecológicas que son adversas para el reclutamiento. En estos escenarios la evolución se torna muy interesante, como vamos a ver.

En el PIP de la Figura 8A presentamos un ejemplo del escenario arriba propuesto. En el principio tenemos la evolución hacia un punto singular que es convergentemente estable, tal como en los PIPs de la Figura 6. Una vez sobre el punto singular, el fenotipo residente ocupará un mínimo de *fitness* si se compara con mutantes con valores del rasgo por encima y por debajo del punto singular, y por lo tanto no es una EEE. Por un lado, los mutantes con rasgos por encima del punto singular tienen, con respecto al residente, la ventaja de tener mayores probabilidades de sobrevivir a causas de mortalidad denso-independientes (alta relación $h : g$). Por otro lado, los mutantes con rasgos por debajo del punto singular tienen, con respecto al residente, la ventaja de tener mayores probabilidades de sobrevivir a causas de mortalidad denso-dependientes (baja relación $\alpha : \beta$). En consecuencia, el fenotipo singular no es una estrategia evolutivamente estable, la selección es disruptiva, y de aquí en adelante la población pasara a ser polimórfica. A puntos singulares como el mostrado en la Figura 8A se les llama "puntos de ramificación" (*branching points*). En general, las condiciones para que un punto singular sea un punto de ramificación son las siguientes (Dieckmann, 1996):

1. El fenotipo singular es convergentemente estable.

2. El fenotipo singular es invadible por fenotipos cercanos.

3. El fenotipo singular puede invadir a todos los fenotipos cercanos.

4. Dos fenotipos cercanos a ambos lados del fenotipo singular pueden invadirse mutuamente.

Las tres primeras condiciones se verifican por inspección de la Figura 8A, en donde el punto singular se alcanza por medio de pequeños saltos mutacionales, tanto por arriba como por debajo. La segunda se verifica pasando una línea vertical sobre x^*: dicha línea cruza zonas "+" arriba y debajo de x^*, es decir que x^* es un mínimo de *fitness* y por lo tanto invadible. La tercera condición se verifica pasando una línea horizontal a la altura de x^*: dicha línea cruza zonas "+" a la izquierda y a la derecha de x^*, por lo tanto el fenotipo singular puede invadir a fenotipos muy parecidos. Para verificar la cuarta condición, hacemos una reflexión del PIP con respecto a la diagonal y dibujamos las zonas en donde las regiones "+" se solapan, como en la Figura 8B. Luego pasamos una linea anti-diagonal sobre el punto singular x^*. Si la anti-diagonal cae en zonas "+" a ambos lados de x^* entonces existen pares de fenotipos, uno a cada lado de x^*, que pueden invadirse mutuamente.

Conclusiones generales y discusión

Los efectos de la frugivoría sobre la dinámica de las poblaciones de plantas distan de ser simples. La variación en parámetros tales como la producción de semillas, la tasa de consumo de frutos, y la probabilidad de supervivencia de las semillas a la manipulación y tratamiento por parte de los frugívoros, tiene efectos tanto positivos como negativos en la abundancia de las plantas. Esto es causado por la sobrecompensación competitiva y el efecto hidra (Abrams y Matsuda, 2005), en donde la producción de menos semillas o incluso la depredación de un fracción de éstas, hacen que la competencia en las fases tempranas de la vida sea menos intensa, resultando en un mayor reclutamiento. Estos efectos no-lineales son poco importantes en contextos de selección denso-independiente, pero seguramente son muy importantes en contextos denso-dependientes, en donde el éxito o el fracaso en el establecimiento de nuevos fenotipos depende de sus habilidades para competir contra poblaciones residentes que suelen ser muy abundantes.

Bajo condiciones de selección denso-independiente, la evolución de la endozoocoria requiere que las oportunidades de supervivencia previas a la germinación sean superiores para semillas dispersadas respecto a las no dispersadas. Esta supervivencia incluye como componente crítico a la probabilidad de supervivencia a la frugivoría (ε), es decir al tratamiento por parte de los frugivoros (manipulación, masticación, digestión, etc). De ser significativa esta supervivencia, el grado de evolución en rasgos destinados a estimular la interacción planta-animal dependerá de los costos de dichos rasgos y de las características de los animales. Bajos costos y una baja exigencia o alta perceptibilidad por parte de los animales, harán que la inversión por parte de la planta resulte en el aumento de la tasa reproductiva, lo cual es ventajoso en escenarios de invasión o recolonización (Galindo-González, 1998). Si los costos son altos, existen situaciones bajo las cuales la endozoocoria todavía puede evolucionar, pero esto requerirá de animales que muestren respuestas de tipo umbral dentro del rango de variación en rasgos permitido por los costos, y aun así dicha evolución va a depender de la historia evolutiva previa (i.e., condiciones iniciales).

En escenarios de selección denso-dependientes, la evolución de rasgos asociados con la endozoocoria también esta grandemente afectada por los costos. Cuando los costos son bajos, la endozoocoria es con frecuencia una estrategia evolutivamente estable (EEE) y convergentemente estable (o continuamente estable) a nivel global, es decir no importando la historia evolutiva previa. Pero si los costos son altos, la existencia de repulsores evolutivos reduce el rango de fenotipos para los cuales la endozoocoria es selectivamente favorable. En estos contextos, tal y como sucede en selección denso-independiente, características dependientes de los animales tales como la resistencia a la frugivoría, perceptibilidad o exigencia, modificaran el paisaje adaptativo. Como regla general, una alta supervivencia a la frugivoría y alta perceptibilidad o baja exigencia hacen de la endozoocoria una estrategia favorable.

Llevando nuestro modelo a determinadas situaciones extremas pero plausibles (e.g. mayor competencia entre semillas dispersadas), encontramos el fenómeno de ramificación evolutiva (*evolutionary branching*), el cual tiene consecuencias muy interesantes. Si relajamos la suposición de reproducción asexual, la ramificación de un fenotipo en dos fenotipos que compiten, podría conducir al aislamiento reproductivo y a la emergencia de dos especies por especiación simpátrica (Dieckmann y Doebeli, 1999), con diferencias bastante grandes en rasgos asociados con la endozoocoría. Desafortunadamente, esta posterior evolución sólo puede seguirse mediante simulaciones basadas en individuos, algo que esta fuera del alcance de este trabajo.

Terminamos este capítulo mencionando algunas limitaciones de nuestro modelo y los métodos empleados para su análisis. Un problema importante es la ausencia de dinámica poblacional y evolutiva en los frugívoros. Las estrategias óptimas de las planta son afectadas por la abundancia animal (parámetro A), y sería muy interesante investigar que pasa con la evolución si las dinámicas poblaciones de los animales y las plantas se acoplan de acuerdo con un modelo modelo recurso-consumidor. Tenemos razones para creer que esto podría dar lugar a anacronismos ecológicos (Guimares et al., 2008) y trampas evolutivas. Las trampas evolutivas explicarían la situación actual para muchas plantas que son prácticamente mutualistas obligados, y donde los cambios en la composición (e incluso de la extinción) de frugívoros acarrearían resultados catastróficos (Carney et al., 2003; Wright, 2003). Hemos supuesto también que los frugívoros responden a un solo rasgo tal como el tamaño del fruto o su color, mientras que las investigaciones mas recientes demuestran que estos responden a muchos rasgos simultáneamente (Valido et al., 2011). Así pues, el efecto combinado de múltiples rasgos frutales sobre la fecundidad y la tasa de frugivoría es un tópico que requiere atención. Pasando a los análisis evolutivos, el método del *fitness set* por ejemplo, solamente indica la existencia y localización de los rasgos que son óptimos. Sin embargo, el derrotero de la evolución dependerá de los detalles del sistema genético (e.g. heredabilidad, ligamiento, dominancia, epistasis, etc), así como de la dinámica ecológica, los cuales fueron totalmente ignorados. La Dinámica Adaptativa hacer explícita la dinámica ecológica, pero introduce suposiciones que son problemáticas, entre las cuales la ausencia de sexo es quizá la más obvia pero no la más importante. Una de estas suposiciones es la ausencia de aleatoreidad demográfica, que podría hacer desaparecer a un mutante raro en muy pocas generaciones. Otra suposición problemática es el tamaño infinitesimalmente pequeño requerido para las mutaciones, lo cual asegura la continuidad de los fitnesses de invasion. Si en el mundo real la evolución dependiera de mutaciones tan pequeñas, esta se detendría muy lejos de los valores óptimos (Waxman y Gavrilets, 2005; Geritz y Gyllenberg, 2005). Estos problemas típicamente se abordan mendiante el uso de simulaciones basadas en individuos, como mencionábamos en el párrafo anterior, haciendo que la producción de frutos o semillas, y el tamaño de las mutaciones, sean variable aleatorias.

Agradecimientos. Este trabajo se ha beneficiado enormemente de las discusiones sobre mutualismo y evolución con Jofre Carnicer Cols y Franz J. Weissing (Franjo). La crítica de dos revisores anónimos cual contribuyo mucho en mejorar la calidad y legibilidad del manuscrito. Ambos autores fueron parcialmente apoyados por la Organización Holandesa para la Investigación Científica (NWO).

Referencias

Abrams, P. A. y Matsuda, H. (2005). The effect of adaptive change in the prey on the dynamics of an exploited predator population. *Canadian Journal of Fisheries and Aquatic Sciences*, 62:758–766.

Alcántara, J. M. y Rey, P. J. (2003). Conflicting selection pressures on seed size: evolutionary ecology of fruit size in a bird-dispersed tree, *Olea europaea*. *Journal of Evolutionary Biology*, 16:1168–1176.

Asquith, N. M., Terborgh, J., Arnold, A. E., y Riveros, C. M. (1999). The fruits the agouti ate: *Hymenaea courbaril* seed fate when its disperser is absent. *Journal of Tropical Ecology*, 15(02):229–235.

Bascompte, J. y Jordano, P. (2007). Plant-animal mutualistic networks: the architecture of biodiversity. *Annual Review of Ecology Evolution and Systematics*, 38:567–593.

Bond, W. y Slingsby, P. (1984). Collapse of an ant-plant mutalism: The argentine ant (*Iridomyrmex humilis*) and myrmecochorous proteaceae. *Ecology*, 65:1031–1037.

Boyd, R. S. (2001). Ecological benefits of myrmecochory for the endangered chaparral shrub *Fremontodendron decumbens* (Sterculiaceae). *American Journal of Botany*, 88:234.

Carney, S. E., Byerley, M. B., y Holway, D. A. (2003). Invasive Argentine ants (*Linepithema humile*) do not replace native ants as seed dispersers of *Dendromecon rigida* (Papaveraceae) in California, USA. *Oecologia*, 135:576–582.

Case, T. (2000). *An Illustrated Guide to Theoretical Ecology*. Oxford University Press, Oxford.

Cazetta, E., Schaefer, H. M., y Galetti, M. (2009). Why are fruits colorful? The relative importance of achromatic and chromatic contrasts for detection by birds. *Evolutionary Ecology*, 23(2):233–244.

Cipollini, M. L. y Levey, D. J. (1997). Secondary metabolites of fleshy vertebrate-dispersed fruits: adaptive hypotheses and implications for seed dispersal. *American Naturalist*, 150:346–372.

Connell, J. H. (1971). On the role of natural enemies in preventing competitive excusion in some marine animals and in rainforest trees. En den Boer, P. J. y Gradwell, G. R., editores, *Dynamics of Populations*, pp. 298–312. Center for Agricultural Publishing and Documentation, Wageningen.

Dieckmann, U. (1996). Can adaptive dynamics invade? *Trends in Ecology and Evolution*, 12(4):128–131.

Dieckmann, U. y Doebeli, M. (1999). On the origin of species by sympatric speciation. *Nature*, 400:354–357.

Diekmann, O. (2004). A beginner's guide to adaptive dynamics. *Mathematical Modelling of Population Dynamics*, 63:47–86.

Eriksson, O. y Jakobsson, A. (1999). Recruitment trade-offs and the evolution of dispersal mechanisms in plants. *Evolutionary Ecology*, 13:411–423.

Galetti, M., Donatti, C. I., Pizo, M. A., y Giacomini, H. C. (2008). Big fish are the best: seed dispersal of Bactris glaucescens by the pacu fish (*Piaractus mesopotamicus*) in the Pantanal, Brazil. *Biotropica*, 40:386–389.

Galindo-González, J. (1998). Dispersión de semillas por murciélagos: su importancia en la conservación y regeneración del bosque tropical. *Acta Zoológica Mexicana (nueva serie)*, 73:57–74.

Gautier-Hion, A., Duplantier, J. M., Quris, R., Feer, F., Sourd, C., Decoux, J. P., Dubost, G., Emmons, L., Erard, C., Hecketsweiler, P., et al. (1985). Fruit characters as a basis of fruit choice and seed dispersal in a tropical forest vertebrate community. *Oecologia*, 65:324–337.

Geritz, S. A. H. y Gyllenberg, M. (2005). Seven answers from adaptive dynamics. *Journal of Evolutionary Biology*, 18:1174–1177.

Geritz, S. A. H., Kisdi, E., Meszena, G., y Metz, J. A. J. (1998). Evolutionarily singular strategies and the adaptive growth and branching of the evolutionary tree. *Evolutionary Ecology*, 12(1):35–57.

Guimares, Jr., P. R., Galetti, M., y Jordano, P. (2008). Seed dispersal anachronisms: rethinking the fruits extinct megafauna ate. *PLoS ONE*, 3:e1745.

Herrera, C. M. (1985). Determinants of plant-animal coevolution: the case of mutualistic dispersal of seeds by vertebrates. *Oikos*, 44:132–141.

Howe, H. F. (1989). Scatter-and clump-dispersal and seedling demography: hypothesis and implications. *Oecologia*, 79:417–426.

Howe, H. F. y Smallwood, J. (1982). Ecology of seed dispersal. *Annual Review of Ecology and Systematics*, 13:201–228.

Janzen, D. H. (1970). Herbivores and the number of tree species in tropical forests. *American Naturalist*, 104:501.

Jordano, P. (1987). Patterns of mutualistic interactions in pollination and seed dispersal: Connectance, dependence asymmetries, and coevolution. *American Naturalist*, 129:657–677.

Julliot, C. (1996). Fruit choice by red howler monkeys (*Alouatta seniculus*) in a tropical rain forest. *American Journal of Primatology*, 40(3):261–282.

Kalko, E. K. V. y Condon, M. A. (1998). Echolocation, olfaction and fruit display: how bats find fruit of flagellichorous cucurbits. *Functional Ecology*, 12:364–372.

Levey, D. J., Silva, W. R., y Galetti, M., editores (2002). *Seed Dispersal and Frugivory: Ecology, Evolution, and Cconservation*. CAB International.

Levins, R. (1962). Theory of fitness in a heterogeneous environment. I. The fitness set and adaptive function. *American Naturalist*, 96(891):361–373.

Levins, R. (1968). *Evolution in Changing Environments: Some Theoretical Explorations*. Monographs in Population Biology. Princeton University Press, Princenton.

Mark, S. y Olesen, J. M. (1996). Importance of elaiosome size to removal of ant-dispersed seeds. *Oecologia*, 107(1):95–101.

Murray, K., Russell, S., Picone, C., Winnett-Murray, K., Sherwood, W., y Kuhlmann, M. (1994). Fruit laxatives and seed passage rates in frugivores: consequences for plant reproductive success. *Ecology*, 75:989–994.

Nabi, I. (1981). On the Tendencies of Motion. *Science and Nature*, 4:62–66.

Pakeman, R. J. y Small, J. L. (2009). Potential and realised contribution of endozoochory to seedling establishment. *Basic and Applied Ecology*, 10:656–661.

Russo, S. E., Portnoy, S., y Augspurger, C. K. (2006). Incorporating animal behavior into seed dispersal models: implications for seed shadows. *Ecology*, 87:3160–3174.

Thompson, J. (1989). Concepts of coevolution. *Trends in Ecology and Evolution*, 4:179–183.

Traveset, A. (1998). Effect of seed passage through vertebrate frugivores' guts on germination: a review. *Perspectives in Plant Ecology, Evolution and Systematics*, 1/2:151–190.

Valido, A., Schaefer, H. M., y Jordano, P. (2011). Colour, design and reward: phenotypic integration of fleshy fruit displays. *Journal of Evolutionary Biology*, 24(4):751–760.

Vander Wall, S. B. (2010). How plants manipulate the scatter-hoarding behaviour of seed-dispersing animals. *Philosophical Transactions of the Royal Society of London B*, 365(1542):989–997.

Wang, B. C. y Smith, T. B. (2002). Closing the seed dispersal loop. *Trends in Ecology and Evolution*, 17(8):379–386.

Waxman, D. y Gavrilets, S. (2005). 20 questions on adaptive dynamics. *Journal of Evolutionary Biology*, 18:1139–1154.

Wheelwright, N. T. (1985). Fruit-size, gape width, and the diets of fruit-eating birds. *Ecology*, 66(3):808–818.

Wheelwright, N. T. (1993). Fruit size in a tropical tree species: variation, preference by birds, and heritability. *Vegetatio*, 107/108(1):163–174.

Willson, M. F. y Whelan, C. J. (1990). The evolution of fruit color in fleshy-fruited plants. *American Naturalist*, 136:790–809.

Wright, S. J. (2003). The myriad consequences of hunting for vertebrates and plants in tropical forests. *Perspectives in Plant Ecology, Evolution and Systematics*, 6:73–86.

Contactos

TAR: Laboratory of Theoretical Ecology, Institute of Entomology. Biology Center, Czech Academy of Sciences.
České Budějovice, República Checa.
tomrevilla@gmail.com

FEV: CSIRO Plant Industry. Canberra, Australia
franencinas@gmail.com

Modelos y simulaciones biológicas: ecología y evolución
Harold P. de Vladar y Roberto Cipriani. (eds.) 2015
Impreso por Createspace. ISBN-13: 978-1516867561 / ISBN-10: 1516867564
https://goo.gl/kVfvnu

No siempre grandes, no siempre pocos: Un modelo de evolución de anisogamia con poliespermia letal

Miguel González Canudas

> *Some things are better than sex, and some are worse, but there's nothing exactly like it.*
>
> W. C. Fields

Introducción

La anisogamia se define como el dimorfismo intergamético entre diferentes tipos sexuales y está presente en todos los vertebrados, los artrópodos, la mayoría de los invertebrados marinos, la mayoría de las plantas y varios grupos de algas. La isogamia, la condición opuesta (Stearns, 1987), es ancestral y está presente en grupos de algas, hongos y protistas (Bell, 1978). El caso más extremo de anisogamia, la oogamia, se encuentra en la mayoría de los organismos multicelulares. En esta última condición, uno de los gametos es varios órdenes de magnitud más pequeño que el otro.

La evolución de la anisogamia es un proceso relacionado con la aparición y mantenimiento del dimorfismo sexual y la presencia de los dos sexos (Maire et al., 2001), y ha intrigado a los biólogos a lo largo del último siglo.

La liberación de gametos en el medio es considerada la forma ancestral de reproducción (Levitan, 1996) y entre los ejemplos más conocidos de organismos con reproducción sexual externa tenemos al de los invertebrados marinos. Los huevos de estos invertebrados, luego de ser fertilizados por el primer espermatozoide, comienzan a alterar la estructura química de la membrana (i.e., invierten el potencial electrico de membrana) y evitan la entrada de otros (Gould y Stephano, 2003), este proceso se conoce como reacción cortical. Por lo general, si dos o más gametos masculinos entran en el óvulo, éste muere y a este proceso se le conoce como poliespermia letal (poliespermia) y es común en la mayoría de los organismos con reproducción sexual. Por ejemplo, en humanos la producción de cigotos triploides produce en la mayoría de los casos abortos espontáneos y malformaciones letales en el feto (Pieters et al., 2005). Por otro lado es importante destacar que no todos los casos de poliespermia ocasionan la muerte del cigoto, por ejemplo, en ciertas especies de plantas las cuales carecen de centriolos y son poliploides, la poliespermia no produce la muerte e inviabilidad del cigoto. (Spielman y Scott, 2008).

Los óvulos de los invertebrados marinos así como los de muchos vertebrados terrestres son células electrogénicas (Gould-Somero et al., 1979; Monroy, 1986; Tosti y Boni, 2004) capaces de responder a gradientes de concentraciones de iones a través de sus membranas. Los óvulos poseen canales iónicos que permiten el paso discriminado de ciertos tipos de iones hacia afuera o hacia adentro del citoplasma a través de la membrana plasmática (Tosti y Boni, 2004), característica que les permite responder a la entrada de un espermatozoide con el bloqueo de la membrana externa mediante el cambio de potencial eléctrico y así evitar la poliespermia. Este proceso ha sido registrado en numerosas especies de invertebrados marinos (Block y Moody, 1987; Moreau et al., 1996; Ouadid-Ahidouch, 1998; Gould et al., 2001).

Es posible que la densidad de gametos masculinos en el medio condicionara el número de fertilizaciones exitosas en cada evento reproductivo en los primeros organismos sexuales con fertilización externa: una baja densidad de gametos masculinos resultaría en pocos huevos fecundados mientras que una alta densidad ocasionaría una alta mortalidad por poliespermia letal (Bode y Marshall, 2007).

Evolutivamente, los machos productores de grandes cantidades de gametos serían seleccionados a favor debido a la mayor probabilidad que tienen de fecundar óvulos, pero estos últimos se verían afectados por los efectos de la poliespermia. A pesar que la producción en exceso de gametos masculinos seguiría siendo perjudicial para ambos sexos bajo condiciones de polispermia, la reducción del número de gametos masculinos producidos por cada individuo no seria una estrategia evolutivamente estable (EEE). Esto se debe a que a nivel individual, una producción de un mayor número de gametos aumenta la probabilidad, en relación a otros machos, de fecundar una cierta cantidad de óvulos en cada evento reproductivo a pesar de que como población la cantidad de cigotos viables disminuya. Estas condiciones definen un conflicto sexual (Bode y Marshall, 2007). Por otro lado, bajo las mismas condiciones, el tamaño de los gametos femeninos en presencia de altas densidades de espermatozoides podría disminuir, dado que los óvulos más pequeños tendrían una probabilidad menor de ser fecundados más de una vez (i.e., poseen una menor superficie) (Styan, 1998; Lessells et al., 2009).

¿Pero cómo incorporamos a nivel teórico el proceso de poliespermia al de evolución de anisogamia? Para ello, debemos considerar ambos procesos y crear una función de *fitness* que contenga todos los parámetros de los que estos dependan.

La densidad de gametos en las poblaciones naturales debe ser considerada a la hora de establecer el impacto de la poliespermia. Aunque algunas especies pueden poseer densidades de gametos relativamente bajas (Babcock y Keesing, 1999; Grubert et al., 2005), otras presentan valores relativamente altos o presentan estrategias que aumentan sus probabilidades de fertilización, y al mismo tiempo, de sufrir poliespermia (Hamel y Mercier, 1996; Togashi et al., 2004). Por otro lado, se debe considerar que la reproducción sexual externa en invertebrados marinos probablemente evolucionó en ambientes con densidades poblacionales elevadas y por ende, la liberación síncrona de sus gametos podría haber resultado en frecuentes eventos de poliespermia. En efecto, familias de invertebrados marinos con mayor incidencia de poliespermia poseen altas tasas de especiación y según algunos autores, esto es el producto de la aparición y divergencia de receptores huevo-esperma específicos (Panhuis et al., 2006).

A pesar de la importancia que reviste comprender el rol de la poliespermia en la evolución de la anisogamia, la mayoría de los modelos que describen la anisogamia asumen que el 100% de los óvulos disponibles en cada evento reproductivo es fertilizado (Parker et al., 1972; Bell, 1978; Maynard Smith, 1982; Dusenbery, 2000; Maire et al., 2001; Dusenbery, 2006). Bode y Marshall (2007) plantean un modelo de anisogamia que describe a la poliespermia con un solo parámetro, pero este nivel de reducción limita su interpretación, en lo se refiere a su dinámica y al rol que juegan los diferentes factores clave, tales como: la inversión reproductiva, la relación entre el *fitness* y el tamaño del cigoto, y el tiempo que tarda el cigoto en bloquear la membrana frente a la entrada de otros espermatozoides, o tiempo de bloqueo.

La explicación más comúnmente aceptada para la evolución del dimorfismo sexual de los gametos, o anisogamia, es la propuesta por (Parker et al., 1972). Según este modelo, para que exista anisogamia debe existir una relación proporcional entre el número de gametos que se producen y la probabilidad de encuentro de los mismos con los gametos de sexo opuesto. Esto es bastante intuitivo y se traduce en una tasa de encuentro definida como el producto de las densidades de cada tipo de gameto (Parker et al., 1972; Dusenbery, 2000, 2006). Por otra parte, esta relación proporcional va acompañada del supuesto que establece que la inversión reproductiva por parte de cada sexo es la misma. Por ende, la producción de grandes números de gametos tiene como consecuencia que los mismos sean de tamaño reducido, y viceversa. En segundo lugar, en el modelo debe existir un componente de *fitness* que relacione el tamaño del cigoto con el *fitness* total del individuo al que va a dar origen. Esta supuesta relación sigue considerándose como cierta en modelos actuales de anisogamia y ha sido puesta a prueba, evidenciada y criticada en numerosas contribuciones (Knowlton, 1974; Bell, 1978; Madsen y Waller, 1983), (Randerson y Hurst, 2001b). Aunque este modelo sea simple y solo se base en dos supuestos, veremos como nos muestra de una manera sorprendente, que la anisogamia, es un óptimo global. Solo queda preguntarse ¿cómo incluir a la poliespermia?

Para evaluar el efecto de la poliespermia en la evolución de la anisogamia acoplamos el modelo básico de Parker et al. (1972) con un modelo de mecánica estadística que permita calcular la proporción de cigotos monoespermáticos que se generan en un evento reproductivo. Para construir este modelo se consideran poblaciones inicialmente isogámicas con dos sexos complementarios cuyos gametos son liberados de manera síncrona en un fluido estático newtoniano y en donde uno de los 2 sexos posee gametos con tiempo de bloqueo particulares. Para apreciar el efecto de la poliespermia se evaluarán las diferencias entre poblaciones con diferentes tiempos de bloqueo considerando el mismo como una restricción particular de cada especie o población a evaluar. Este trabajo es en pocas palabras la construcción y análisis de una ecuación de fitness con la intención de entender el efecto de la poliespermia letal en la evolución de la anisogamia considerando los factores mas relevantes y buscando generar predicciones falsables a nivel experimental.

El modelo

La intención de este estudio es describir el efecto de la poliespermia en la evolución de la anisogamia, evaluando la evolución del tamaño óptimo de los gametos en relación al tiempo que tarda el óvulo en cambiar la polaridad de la membrana luego de la entrada de la primera célula sexual masculina, o tiempo de bloqueo. Se utilizó un modelo de mecánica estadística (Vogel et al.,

1972; Styan, 1998; Millar y Anderson, 2003) para estimar el número de cigotos viables y los resultados de éste se acoplaron con el modelo matemático clásico de evolución de anisogamia de Parker et al. (1972) (PBS; ver también Cox y Sethian, 1985; Dusenbery, 2000; Maire et al., 2001; Bulmer y Parker, 2002; Dusenbery, 2006).

El modelo consta de tres elementos: (i) Una versión del modelo PBS; (ii) La poliespermia se incorporó usando una aproximación de mecánica estadística similar a la de Styan (1998); (iii) Se consideraron los efectos de la competencia espermática.

El modelo PBS. En este modelo el *fitness* es una función de: (a) de la probabilidad de encuentro de los dos gametos, idealizados como esferas, y de (b) del tamaño del cigoto resultante de cada encuentro en un evento reproductivo. Para los fines de este estudio, un evento reproductivo no es más que la interacción de gametos de ambos sexos en un fluido acuoso estático.

La probabilidad de encuentro está definida por el producto de las densidades de cada tipo de gameto, las cuales son inversamente proporcionales a sus respectivos tamaños. Dado que la inversión reproductiva es constante, la producción de un gran número de gametos implica que su tamaño es pequeño, y viceversa. Así, el componente de la función de *fitness* que corresponde a la probabilidad de encuentro de los dos gametos se describe en el modelo PBS de la siguiente manera,

$$\omega_e = (n_a n_b) = \frac{q}{v_a}\frac{q}{v_b} = \frac{q^2}{v_a v_b} \tag{1}$$

donde n_a y n_b son las densidades de los gametos del sexo a y del sexo b, respectivamente, v_a y v_b son los volúmenes de cada gameto, respectivamente y $0 \leq q \leq 1$ representa la inversión reproductiva en relación al volumen del medio en donde ocurre la dinámica. En otras palabras, q es la densidad volumétrica de gametos en el medio.

El segundo componente de *fitness* en el modelo PBS relaciona el tamaño del cigoto resultante de la fusión de los dos gametos con el *fitness* total del individuo al que este mismo cigoto da origen, y está representado aquí por una función que es igual a la suma de los tamaños de los gametos que lo formaron. La magnitud del *fitness* del individuo en relación al tamaño de los gametos que lo formaron es modulada por un parámetro, k, de la siguiente manera

$$\omega_z = (v_a + v_b)^k .$$ (2)

Así, el producto de los componentes del *fitness* descritos en las ecuaciones 1.1 y 1.2 del modelo PBS, puede expresarse como

$$\omega_{pbs} = \omega_e \omega_z = \frac{q^2}{v_a v_b}(v_a + v_b)^k .$$ (3)

Esta ecuación significa que el *fitness* de cada posible cigoto a producirse en un evento reproductivo está definido por el producto de las densidades de cada tipo de gameto involucrado en la fertilización, multiplicado por el *fitness* del cigoto generado por tal encuentro.

El modelo de poliespermia. La poliespermia letal ocurre cuando uno o más espermatozoides logran fertilizar un óvulo recién fertilizado antes de que la reacción cortical ocurra. El tiempo que transcurre desde la entrada del primer espermatozoide y el momento en que ocurre la reacción cortical se define como tiempo de bloqueo, t_{bloq}. Se utilizaron modelos de mecánica estadística para estimar las proporciones de cigotos viables (i.e., fertilizados por un espermatozoide) y de cigotos no viables (i.e., afectados por poliespermia) resultantes en cada evento reproductivo con diferentes tiempos de bloqueo. Estas proporciones fueron calculadas siguiendo la aproximación propuesta por Styan (1998), que a su vez es una modificación de la utilizada en el modelo llamado *Don Ottavio* (Vogel et al., 1972) el cual es análogo a un modelo de cinética bimolecular. Esta aproximación permite calcular el número de espermatozoides por microlitro, S_e, que entra en contacto con un óvulo en el tiempo t (seg):

$$S_e = S_o(1 - e^{-\beta_o E_o t}) \ . \tag{4}$$

donde S_o es el número inicial de espermatozoides por microlitro, E_o es el número de óvulos por microlitro y β_o es la constante de encuentro. Esta constante se obtiene de multiplicar la rapidez de los espermatozoides por el área de la proyección bidimensional de los óvulos femeninos. Así, el número de espermatozoides x que entra en contacto con cada óvulo resulta

$$x = \frac{S_e}{E_o} = \frac{S_o}{E_o}(1 - e^{-\beta_o E_o t}) \ . \tag{5}$$

Asumiendo que la tasa de encuentros β_o es una variable aleatoria, ésta puede ser modelada como un proceso de Poisson: por cada unidad de tiempo o repetición existe una probabilidad (intensidad) igual para cada contacto entre espermatozoides con un óvulo y esto nos da una distribución con una media particular. Por lo tanto, según Styan (1998), la proporción de óvulos no fertilizados es

$$e^{-x} = e^{-\frac{S_o}{E_o}(1-e^{-\beta_o E_o t})} \ , \tag{6}$$

y la proporción de óvulos que llegan a ser alcanzados por los espermatozoides y fecundados por lo menos una vez en el tiempo t es

$$\varphi_\infty = 1 - e^{-x} = 1 - e^{-\frac{S_o}{E_o}(1-e^{-\beta_o E_o t})} \ . \tag{7}$$

Así, la proporción de huevos que son fertilizados solamente una vez en el tiempo t se calcula multiplicando la probabilidad de encuentro entre espermatozoides y óvulos (Ecuación 5) con la proporción de óvulos no fertilizados (Ecuación 6):

$$\varphi_1(t) = xe^{-x} = \frac{S_o}{E_o}(1 - e^{-\beta_o E_o t})e^{-\frac{S_o}{E_o}(1-e^{-\beta_o E_o t})} \ . \tag{8}$$

La fracción de óvulos en los que sólo penetró un espermatozoide antes de que cambiara la polaridad de su membrana, llamados de aquí en adelante huevos monoespermáticos, φ_{mono}, se obtiene de restar la proporción de óvulos fertilizados dos o más veces (huevos poliespérmicos, φ_{poli}) a la proporción de los que fueron fertilizados al menos una vez (Ecuación 7):

$$\varphi_{mono}(t) = 1 - e^{-x} - \varphi_{poli} \, . \tag{9}$$

La fracción de φ_{poli} se obtiene de restar la proporción de huevos fertilizados solamente una vez, en la Ecuación 8, a la proporción de huevos fertilizados por lo menos una vez, descrita en la Ecuación 7:

$$\varphi_{poli}(t) = 1 - e^{-x} - xe^{-x} \, . \tag{10}$$

Luego, se define p como la tasa promedio de encuentro de los espermatozoides por óvulo durante el tiempo t_{bloq}

$$p = \frac{S_o}{E_o}(1 - e^{-\beta_o E_o t_{bloq}}) \, . \tag{11}$$

Para poder calcular la proporción de óvulos poliespermáticos en el evento reproductivo, primero multiplicamos el número de óvulos poliespermáticos en t por la proporción de óvulos que entran en contacto con al menos un espermatozoide en el tiempo t_{bloq}. Así, la proporción de huevos monoespermáticos puede definirse como los óvulos fertilizados al menos una vez, menos los óvulos poliespermáticos:

$$\omega_{mono(t,t_{bloq})} = 1 - e^{-x} - (1 - e^{-x} - xe^{-x})(1 - e^{-p}) \, . \tag{12}$$

De estas definiciones, definimos el *fitness* relativo de un volumen específico de gametos del sexo a, υ_a y un volumen especifico de gametos del sexo b, υ_b como

$$\omega(\upsilon_a, \upsilon_b) = \varphi_{mono}(t, t_{bloq})\frac{q^2}{\upsilon_a \upsilon_b}(\upsilon_a + \upsilon_b)^k \, . \tag{13}$$

Para convertir $\omega(v_a, v_b)$ a una función del radio de los gametos usamos el volumen de una esfera

$$v = \frac{4\pi r^3}{3} .$$ (14)

Tanto v_a como v_b se consideran en la ecuación que define la proporción de encuentros monoespermáticos, dado que las densidades E_o y S_o son la inversión reproductiva q entre el volumen de cada gameto v, i.e.

$$n = \frac{q}{v} .$$ (15)

El componente de la ecuación que define el impacto de la poliespermia en el *fitness* mide la proporción de cigotos monoespermáticos en poblaciones con óvulos y espermatozoides de tamaños particulares. Un supuesto de este modelo establece que la tasa de encuentro β_o sólo depende del área de la proyección bidimensional del óvulo σ y de la rapidez del esperma v (Styan, 1998):

$$\beta_o = \sigma v .$$ (16)

Esta ecuación no es ideal para analizar la evolución de la anisogamia, tal como está planteada, dado que no se establece ninguna condición con respecto al tamaño de los gametos masculinos. Esto significa que hasta este punto de la descripción del modelo, éste asume que los espermatozoides no poseen volumen.

Para incorporar el volumen de estos gametos, y simultáneamente considerar su rapidez, se sustituyó las tasa de encuentro propuesta por Styan (1998) por la de Boltzmann (1964), la cual se expresa como

$$\beta_{Boltz} = \pi(r_a + r_b)^2 \frac{3v_a^2 + v_b^2}{3v_a}, v_a \geq v_b .$$ (17)

y en la que r es el radio de los gametos (mm) y v es su rapidez (mm/seg). Dado que a bajos números de Reynolds

$$v = \frac{F}{6\pi\eta r} ,$$ (18)

Caja 1: Ecuación de fitness del modelo.

$$\omega(v_a, v_b) = [1 - e^{-x} - (1 - e^{-x} - xe^{-x})(1 - e^{-P})](\frac{q^2}{v_a v_b})(v_a + v_b)^k$$

(19)

Esta es la ecuación de *fitness* que describe el modelo construido en este trabajo, en el cual el modelo básico PBS de 1972 es multiplicado por la proporción de cigotos monoespermaticos, cuyo calculo esta encerrado entre corchetes y se obtiene a partir de diferentes modelos de mecánica estadística.

donde η es la viscosidad del fluido en el que se desplaza bajo una fuerza constante F, la rapidez v de los gametos es inversamente proporcional a su tamaño r (e.g. Dusenbery, 2006).

Al sustituir β_o por β_{Bolt} en la ecuaciones 1.5 y 1.11, se obtiene una nueva función de *fitness* que permite estudiar el rol de la poliespermia en la evolución de la anisogamia:

$$\omega(v_a, v_b) = [1 - e^{-x} - (1 - e^{-x} - xe^{-x})(1 - e^{-P})]\frac{q^2}{v_a v_b}(v_a + v_b)^k$$

(20)

donde v_g es el volumen del gameto g = a, b, y es una función del radio r como se ve en la Ecuación 14. Las relaciones expresadas en esta ecuación siempre se cumplen si: i) S_o es la densidad del gameto más pequeño, más veloz y más abundante en el medio, sin importar si su volumen es v_a o v_b, y ii) E_o es la densidad del otro gameto, más grande, más lento y menos abundante.

La Ecuación 20 es producto del modelo desarrollado en este trabajo; a manera de referencia esta ecuación es repetida en la Caja 1 y todos sus parámetros son brevemente descritos en la Caja 2.

Caja 2: Parámetros y variables.

Símbolo	Significado
E_o	Densidad inicial de óvulos (óvulos por microlitro)
k	Exponente que relaciona el tamaño del cigoto con el *fitness*
n	Densidad de gametos liberados
p	Número de espermatozoides en contacto por cada óvulo en t_{bloq}
q	Volumen total de gametos en relación al volumen del medio
r	Radio
S_e	Espermatozoides que entran en contacto con un óvulo por microlitro
S_o	Densidad inicial de espermatozoides microlitro
t	Tiempo de duración del evento reproductivo
t_{bloq}	Tiempo de bloqueo, tiempo que tarda en darse la reacción cortical
x	Número de espermatozoides en contacto por cada óvulo en t
β_o	Tasa de encuentro del modelo de Styan 1998
β_{Boltz}	Tasa de encuentro de Boltzmann modificada para sustituir a β_o
η	Viscosidad
φ_{mono}	Proporción de óvulos monoespermaticos
φ_{poli}	Proporción de óvulos poliespermaticos
φ_1	Proporción de óvulos fertilizados solo una vez
$\varphi_{>1}$	Proporción de óvulos fertilizados mas de una vez
φ_∞	Proporción de óvulos fertilizados al menos un vez
v_g	Rapidez del gameto g. ($g = a$ ó b).
π	Constante obtenida al dividir el perímetro de un círculo entre su díametro.
σ	Área de la proyección bidimensional de un óvulo
υ_g	Volumen del gameto g ($g = a$ ó b)
ω	*fitness* del modelo
ω_e	Componente de *fitness* por tasa de encuentro en el modelo PBS
ω_{pbs}	*fitness* del modelo PBS
ω_z	Componente de *fitness* por tamaño del cigoto en el modelo PBS

Competencia espermática. En las poblaciones naturales todos los gametos se encuentran en un mismo espacio y por ende la densidad de espermatozoides en el medio afecta por igual a todos los óvulos en la población. Aunque la intención de este trabajo no es evaluar la dinamica genética poblacional que lleva a la fijación de una combinación particular de tamaños de gametos, es útil visualizar un ejemplo particular de este proceso para entender que las implicaciones de la competencia espermática.

Consideremos a una población de individuos diploides, hermafroditas no secuenciales, en los cuales un mismo gen codifica tanto para el tamaño del gameto a como para el tamaño del gameto b

tiene una inversión reproductiva q es constante e igual para cada sexo. Este ejemplo es similar al usado por Iyer y Roughgarden (2008) y sirve para exponer a nivel de ecuaciones el conflicto sexual generado por la competencia espermática.

Despues de cada generación la proporción de alelos en la población cambiará. Matemáticamente esto se traduce en calcular la frecuencia de los alelos i en el tiempo $t + 1$, la cual llamaremos x_i', como una función de la frecuencia de los alelos i en el tiempo t, la cual llamaremos x_i. Esta función es la relación entre el *fitness* de un alelo en la población y el *fitness* sumado de todos los alelos en la población. Consideremos una población donde existen dos alelos, 1 y 2. Cada uno codifica para los volúmenes (v_{a1}, v_{b1}) y (v_{a2}, v_{b2}) respectivamente. La frecuencia del alelo 1 en la próxima generación, x_1', es

$$x_1' = \frac{x_1^2 \omega(v_{a1}, v_{b1}) + \frac{1}{2}x_1 x_2 \omega(v_{a2}, v_{b1}) + \frac{1}{2}x_1 x_2 \omega(v_{a1}, v_{b2})}{x_1^2 \omega(v_{a1}, v_{b1}) + x_1 x_2 \omega(v_{a2}, v_{b1}) + x_1 x_2 \omega(v_{a1}, v_{b2}) + x_2^2 \omega(v_{a2}, v_{b2})} \tag{21}$$

Similarmente, para el alelo 2:

$$x_2' = \frac{x_2^2 \omega(v_{a2}, v_{b2}) + \frac{1}{2}x_1 x_2 \omega(v_{a2}, v_{b1}) + \frac{1}{2}x_1 x_2 \omega(v_{a1}, v_{b2})}{x_1^2 \omega(v_{a1}, v_{b1}) + x_1 x_2 \omega(v_{a2}, v_{b1}) + x_1 x_2 \omega(v_{a1}, v_{b2}) + x_2^2 \omega(v_{a2}, v_{b2})} \tag{22}$$

En estas ecuaciones clasicas, cada término del dividendo y del divisor es multiplicado por la proporción de cigotos monoespermáticos generada por gametos con dos tamaños particulares, pero en una población natural debemos de tomar en cuenta una gran variedad de tamaño de gametos. Para tener una idea de lo que esto implica, modificamos las ecuaciones 1.5 y 1.11 considerando las densidades de espermatozoides de diferentes tamaños en la dinámica de todos los alelos involucrados

$$x = \frac{S_{ox1} + S_{ox2} + S_{ox3} \cdots}{E_{ox1}} \left(1 - e^{-\beta_{Boltz} E_o t}\right), \tag{23}$$

y

$$p = \frac{S_{ox1} + S_{ox2} + S_{ox3} \cdots}{E_{ox1}} \left(1 - e^{-\beta_{Boltz} E_o t_{bloq}}\right). \tag{24}$$

La ecuación de *fitness* en este caso es el modelo PBS multiplicado por la proporción de cigotos monoespermáticos, considerando una densidad de espermatozoides constante para todas las combinaciones de alelos (tamaños) de una generación. Por esto, el tamaño del espermatozoide tiende al valor mínimo del intervalo de tallas a evaluar (Iyer y Roughgarden, 2008) aunque este no sea el óptimo ya que la poliespermia no genera un costo en fitness para los machos como individuos pero si para la población en general.

El modelo construido busca establecer las relaciones proporcionales entre los diferentes parámetros a evaluar y su efecto en la variación del tamaño de los gametos. La proporcionalidad relativa de cada variable y parámetro se mantienen independiente de las escalas (en un mismo sistema de unidades). Todas las unidades de distancia son en mm y las temporales son en segundos.

Implementación y software utilizado. El modelo, en todas sus etapas, se implementó en el lenguaje Python (ver. 2.6) en un sistema operativo Mac OS 10.6, utilizando una computadora portátil MacBook (con procesador Intel Core 2 Duo de 2.26 GHz por núcleo y 4 GB DDR3 de RAM).

Con el fin de encontrar el tamaño del óvulo para el cual el *fitness* es más elevado cuando el tamaño del espermatozoide es el más pequeño "posible", se fijó el radio del gameto masculino en el limite inferior de evaluación del modelo (0.1) en la Ecuación 13 y se buscó de manera exhaustiva el tamaño del óvulo que produjera el máximo *fitness*. Este último fue identificado como f_{op}. Para ello se buscó el valor del radio del ovulo para el cual la derivada de la ecuación 13 fuera igual a cero. La búsquedafue realizada numéricamente evaluando el *fitness* de los óvulos en un intervalo conocido de tamaño de espermatozoides, de 0.1 a 5.5 con un valor de tolerancia de 10^{-4} mm.

Los efectos de los tiempos de bloqueo, de q y de k en la evolución de la anisogamia fueron estudiados ejecutando simulaciones con valores $0 \leq t_{bloq} \leq 50$, $0.01 \leq q \leq 10.0$ y $0.8 \leq k$

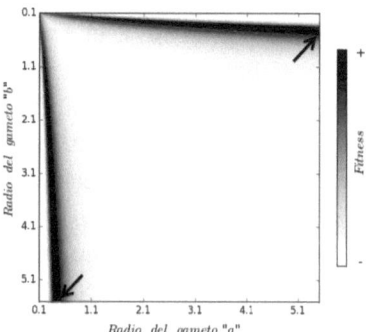

Figura 1: Efectos del *fitness* en relación al tamaño de los gametos: El tamaño de los gametos está representado por su radio. Los colores más rojos representan los valores de *fitness* más elevados mientras que los más azules representan los más pequeños. Radio de los gametos en mm ($10^{-3}m$). Notese la simetría respecto a la diagonal (0.1, 0.1) a (5.5, 5.5), esta simetría se debe a que los gametos no tienen genero específico. Las flechas señalan los puntos de maxímo *fitness* Parámetros utilizados en esta simulación: $t_{bloq} = 10.0$, $q = 0.0001$ y $k = 1.50$

≤ 1.5, o usando valores de estos parámetros dentro de intervalos con los cuales los sistemas evolucionaron de estados con una distribución particular de fitness a un estado con otra distribución diferente. A la hora de analizar el efecto de uno o dos de estos parametros, el resto de los parámetros fueron fijado a valores constantes.

Resultados

Los resultados se esponen en dos partes. En primer lugar se analizó el comportamiento de la función de *fitness* sin considerar a la competencia espermática y posteriormente, en la sección de competencia espermática, se analizó respectivo fijando el tamaño del espermatozoide como el mínimo posible dentro del rango a considerado.

Efecto del tiempo de bloqueo. Los resultados obtenidos indican que a mayor tiempo de bloqueo, t_{bloq}, el *fitness* óptimo se obtiene cuando el tamaño de ambos gametos se minimiza. La Figura 2 muestra el comportamiento de los radios de cada gameto en el intervalo [0.1, 5.5] bajo diferentes valores del tiempo de bloqueo.

La diferencia entre el tamaño de los gametos, en condiciones de máximo *fitness*, se reduce a medida que t_{bloq} aumenta (Figura 2) y viceversa. Esta diferencia se produce no porque el gameto más grande reduce su tamaño, sino porque en condiciones de máximo *fitness*, el gameto más pequeño aumenta ligeramente de tamaño concomitantemente con t_{bloq}. Asimismo, el valor absoluto del *fitness* máximo se reduce a medida que el t_{bloq} aumenta. Sin embargo para valores sumamente grandes de t_{bloq} el optimo se encuentra en la isogamia extrema con ambos gametos de tamano minimo (t_{bloq} = 50.0).

Efecto de las densidades de gametos. Al igual que en el caso anterior, a medida que aumenta la densidad de gametos, disminuye la anisogamia. En otras palabras, la diferencia entre el tamaño de los gametos se reduce con el aumento de sus densidades, y por lo tanto, de la inversión reproductiva (Figura 3). En estos casos los radios óptimos corresponden a los valores mínimos del rango a evaluar.

Tamaño del cigoto y conflicto sexual. A valores reducidos de k, el exponente que controla la relación entre el *fitness* y el tamaño del cigoto en el modelo PBS, la isogamia aumenta y vice versa (Figura 4). A pesar de que pueden usarse valores de $k > 1.5$, el comportamiento de los gráficos presentados es similar a los obtenidos utilizando este valor bajo los correspondientes tiempos de bloqueo. En estos gráficos podemos apreciar que para ciertas combinaciones el valor máximo del *fitness* no se alcanza en los tamaños mínimos de los gametos"masculino" ($k = 1.5$, $t_{bloq} = 10.0$), entiéndase por masculinos los gametos de menor tamaño. En la

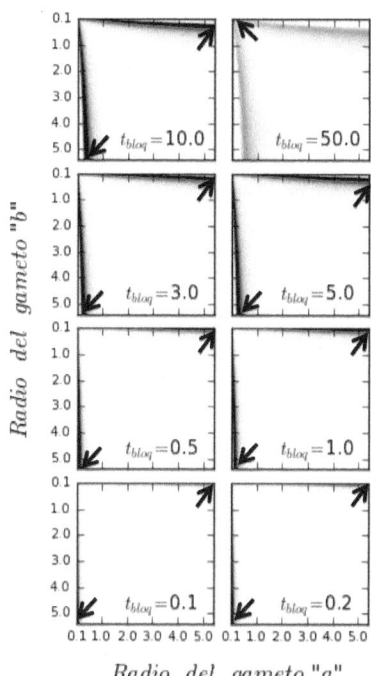

Figura 2: Efecto del *fitness* ante diferentes valores de tiempo de bloqueo, $0.1 \leq t_{bloq}$ ≤ 50: Los ejes representan los radios de los gametos. Los colores indican valores relativos de *fitness*. Los colores más rojos representan los valores de *fitness* más elevados mientras que los más azules representan los más pequeños. Las flechas señalan los puntos de máximo *fitness* en cada gráfico. Radio de los gametos en mm ($10^{-3}m$). Parámetros utilizados en esta simulación: $k = 1.5$ y $q = 0.0001$

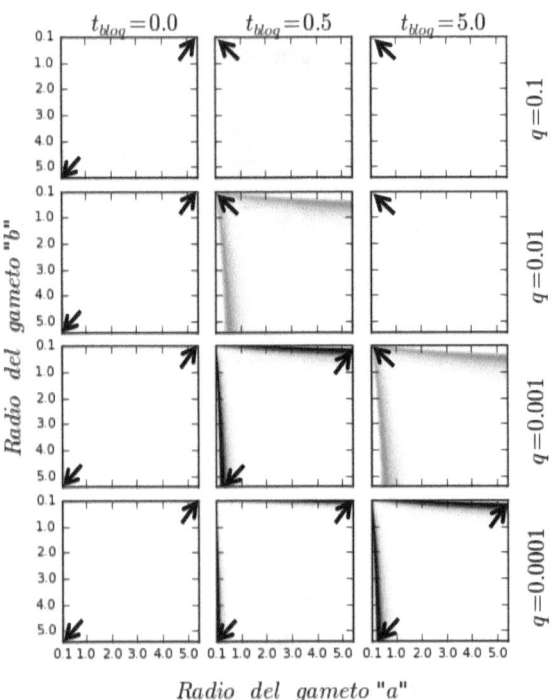

Figura 3: Efecto del radio de los gametos (en mm) en la anisogamia para diferentes valores de inversión reproductiva, q y tiempos de bloqueo, $0 \leq t_{bloq} \leq 5$: Los colores más rojos representan los valores de *fitness* más elevados mientras que los más azules representan los más pequeños. Aunque los valores de $q = 10.0$ y $q = 1.0$ son imposibilidades físicas las gráficas aquí expuestas sirven de referencia para medir su efecto en laecuación. Las flechas señalan los puntos de máximo fitness en cada gráfico. Parámetros utilizados en esta simulación: $k = 1.5$

figura 4 podemos apreciar un estado de anisogamia "incipiente" en la combinación ($k = 1.2$, $t_{bloq} = 0.5$).

Con la intención de buscar el tamaño del gameto femenino en la coordenada 0.1 para el gameto masculino que diera el valor más alto de *fitness*, se graficaron estos perfiles que corresponderían al borde limite del plano repuesta, las flechas en la Figura 5 indican este borde.

En la Figura 6 podemos apreciar varios de estos perfiles para distintos valores de tiempo de bloqueo.

Además del tiempo de bloqueo, otro de los parámetros que afectan el tamaño óptimo del óvulo es la inversión reproductiva q. Para visualizar este efecto se consideraron varios valores de inversión reproductiva y se calculó el tamaño del óvulo con el mayor *fitness* (i.e., f_{op}) en un intervalo de tiempos de bloqueo $0 \leq t_{bloq} \leq 10$ seg. Los resultados de estas combinaciones se observan en la Figura 7.

Discusión

En este trabajo se construyó un modelo matemáticamente explícito que considera el efecto de la poliespermia en la evolución de la anisogamia. A diferencia de modelos anteriores (Bode y Marshall, 2007), consideramos que factores tales como la inversión reproductiva q y el tiempo de bloqueo, t_{bloq}, afectan la proporción de cigotos monoespermáticos de la función de *fitness*, en lugar de reducir este efecto a una función relativamente simplificada, y solo analizar la estrategia de liberación óptima (Bode y Marshall, 2007). Sin embargo, este modelo debe ser validado en varias especies filogenéticamente relacionadas de las cuales se estimen los valores de los parámetros q, k, t_{bloq} y los valores de los tamaños de los gametos de cada sexo.

Tiempo de bloqueo. En la actualidad existe posiciones encontradas en relación al valor de k en poblaciones naturales, recordemos que este parametro controla la relación entre el tamaño del gameto de mayor

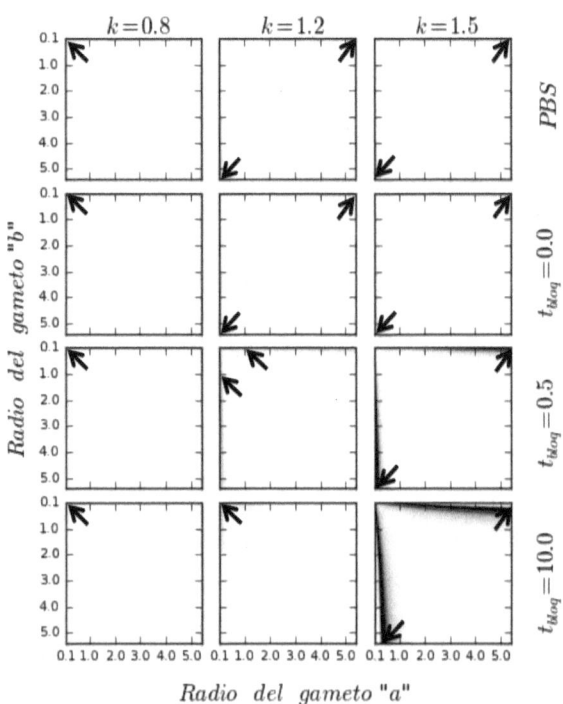

Figura 4: Efectos del exponente k en la anisogamia con diferentes valores de tiempos de bloqueo, $0 \leq t_{bloq} \leq 10$: La fila superior (PBS) muestra el efecto de diferentes valores del exponente k en el modelo original de Parker, Baker y Smith en el que t_{bloq} no se considera. Los colores más rojos representan los valores de *fitness* más elevados mientras que los más azules representan los más pequeños. Las flechas señalan los puntos de máximo *fitness* en cada gráfico. Radio de los gametos en mm (10^{-3} m). Parámetros utilizados en esta simulación: $q = 0.0001$.

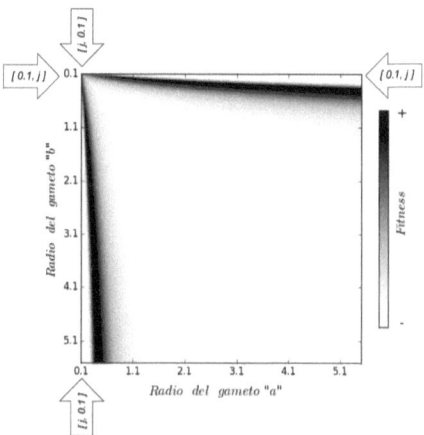

Figura 5: Perfiles de Conflicto Sexual: Plano respuesta similar a los planteados en las Figuras 3, 4 y 5. Las flechas indican la línea contiene el conjunto de coordenadas [0.1, j] y [j, 0.1], en donde $0.1 \leq j \leq 5.5$. Para encontrar el valor óptimo de j (i.e. f_{op}) debemos buscar el valor máximo de *fitness* en estas lineas.

tamaño (Dusenbery, 2006) o del cigoto (Parker et al., 1972; Iyer y Roughgarden, 2008) y el *fitness*, es decir, el componente del *fitness* que justifica la existencia de un gameto de mayor tamaño (Dusenbery, 2000) ; (Randerson y Hurst, 2001b). Los problemas planteados no seran abordados en este trabajo, pero es importante destacar que en la actualidad una serie de investigaciones se estan llevano a cabo con la intención de esclarecer si el valor de k es ó fue, lo suficientemente grande para justificar la evolución de la anisogamia de la manera en la que se plantea en este y otros modelos.

Los tiempos de bloqueo usados en el modelo están en unidades de segundos. En los invertebrados marinos de fertilización externa, los tiempos de bloqueo son muy variados entre especies. Algunas de ellas presentan tiempos de bloqueo de unos pocos segundos (Ziomek y Epel, 1975; Lambert y Lambert, 1981; Spinelli y Albanese, 1990),

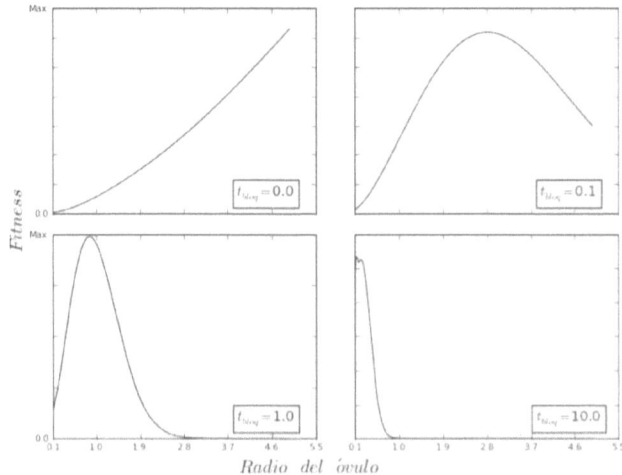

Figura 6: Variación del *fitness* con respecto al tamaño del óvulo bajo 4 tiempos de bloqueo diferentes: El eje vertical representa el *fitness* del gameto y el horizontal el radio del óvulo (10^{-3} m). En todos los casos, el tamaño óptimo del óvulo se reduce a medida que aumenta el tiempo de bloqueo ($q = 0.001$, $k = 1.5$).

y otras de 30 segundos a varios minutos (Byrd y Collins, 1975; Jaffe y Gould, 1985).

En este modelo el tiempo de bloqueo en organismos con poliespermia letal se considera una restricción evolutiva, ya que la presencia de un tiempo de bloqueo como tal no parece responder a ningún tipo de adaptación si no al contrario a una limitación dada por el mecanismo de bloqueo por medio de canales de iones y consecuente inversión de potencial eléctrico de la membrana celular.

Para discutir los resultados del modelo, se deben establecer un par de conceptos claves. En primer lugar, en este trabajo, el óptimo global se refiere al valor máximo de *fitness* en todo el plano respuesta, y el óptimo real, el punto convergente ó EEE, se refiere a la coordenada $[0,1,f_{op}]$. En segundo lugar nos referiremos a gametos masculinos como los gametos de menor tamaño en cualquier

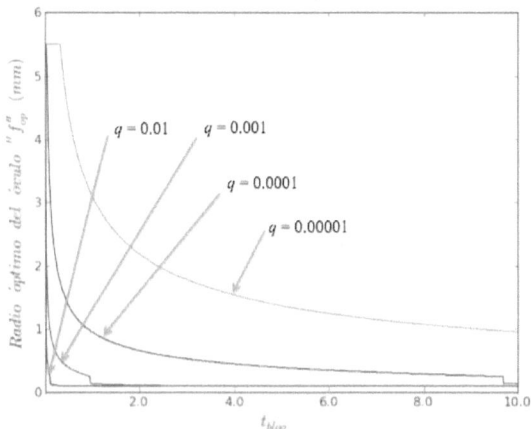

Figura 7: Tamaño óptimo del óvulo en función del tiempo de bloqueo: El eje vertical muestra el tamaño del óvulo para el cual el *fitness* es máximo en un tiempo de bloqueo definido por el eje horizontal. En este gráfico cada color indica una inversión reproductiva particular. Al aumentar la inversión reproductiva el decrecimiento del tamaño óptimo al aumentar el tiempo de bloqueo no se hace tan acentuado. ($k = 1.5$).

coordenada del plano respuesta. Es decir en las coordenadas (1.3, 4.6) el gameto masculino es el de radio 1.3 y el femenino es el de 4.6. Este trabajo muestra que el tiempo de bloqueo afecta el tamaño del gameto femenino que se esperaría encontrar en el óptimo real en poblaciones naturales. Mientras mayor sea el tiempo de bloqueo el proceso evolutivo tenderá a disminuir el tamaño del gameto femenino, llevando el tamaño y la densidad de este a valores más lejanos del óptimo global del modelo (Figura 6). En las combinaciones de parámetros en los que el óptimo se encuentra en regiones anisogámicas, el tamaño del gameto femenino en el óptimo global siempre será el máximo del intervalo usado en el modelo, en este caso 5.5. Este límite superior se modificó en numerosas pruebas y en todos los casos el máximo de *fitness* del plano respuesta se encontraba en los valores límite para el gameto de mayor tamaño.

En la Ecuación 13, observamos como el volumen de ambos gametos para el componente extraído del modelo PBS (Ecuación 3) es matemáticamente simple y los óptimos globales se encuentran en las coordenadas máxima y mínima de los intervalos a evaluar [0.1, 5.5] y [5.5, 0.1] (Parker et al., 1972; Dusenbery, 2006). Por tanto, la respuesta del modelo extendido debe estar reflejada en el componente introducido como "proporción de cigotos monoespermáticos". Al variar t_{bloq}, restamos a la proporción de óvulos fertilizados al menos una vez, $(1 - e^{-x})$, lo que representa un número cada vez más grande φ_{poli} (Ecuación 9), por lo que el componente PBS del modelo termina siendo multiplicado por números muy pequeños. Recordemos que el *fitness* tiene una relación exponencial con t_{bloq}, por lo que pequeñas variaciones tienen un gran impacto. Para valores altos de t_{bloq} (=10.0) los valores de fitness comenzarán a aumentar cuando disminuya la densidad y aumente el tamaño de gametos masculinos, dado que también disminuirá la proporción de cigotos poliespermáticos (Figura 2). Además, dado que existe una relación inversa entre tamaño y número de gametos, los masculinos de mayor tamaño serán menos numerosos y por ende el impacto del aumento del tiempo de bloqueo sobre el *fitness* no será tan grande en este caso. Es por ello que poblaciones con gametos masculinos de tamaños ligeramente mayores se convierten en máximos globales del modelo bajo ciertas combinaciones de valores para k, t_{bloq} y q (Ecuación 12).

Aún así, estos valores no serán alcanzados en poblaciones naturales debido al proceso de competencia espermática presentado anteriormente (Ecuación 12). Por otro lado, al analizar la variación del tamaño del gameto femenino, podemos apreciar como en todos los términos del modelo, un aumento en su tamaño y la consecuente disminución en su densidad conllevan al aumento del *fitness* global para las combinaciones anisogámicas. Esto no es lo que ocurre en el óptimo real, donde un aumento en el tiempo de bloqueo produce gametos femeninos más pequeños. Al extrapolar los resultados de este modelo a poblaciones naturales, se espera que exista un mayor grado de anisogamia en especies con tiempos de bloqueo pequeños. Sin embargo, el tiempo de bloqueo no es el único parámetro que afecta el tamaño óptimo del gameto femenino: también lo hace la inversión reproductiva q. Por esta razón, para poder validar esta predicción de manera más robusta, es necesario disponer de información sobre este aspecto de la biología de las especies, raramente encontrado en la literatura reproductiva de especies no comerciales. En el modelo PBS, valores del exponente k menores a 1.5 resultan en gametos ligeramente diferentes en tamaño. Esta diferencia se hace menor con valores menores de k y los óptimos globales y reales se desplazan a la diagonal isogámica (Parker et al., 1972; Dusenbery, 2006). Es decir, la línea que va desde el vértice (0.1, 0.1) hasta el vértice (5.5, 5.5) en los planos de respuesta. Como en muchos modelos, procesos sumamente intrincados y con muchas partes interdependientes terminan siendo simplificados a parámetros identificados con una letra (Bode y Marshall, 2007). Esto es necesario dado que la simplificación y reducción de un modelo a sus componentes relevantes, es decir, a aquellos que permitan evaluar o responder la pregunta planteada, es una de las partes más importantes de la construcción de ideas a ser probadas. De otra forma, sería casi imposible llevar a cabo pruebas de los modelos (Kokko, 2007; Otto y Troy, 2007). Si consideramos a los modelos como un mapa simplificado del sistema que queremos evaluar, un modelo totalmente detallado, es decir, un mapa de escala 1:1, sería muy poco práctico si nuestra pregunta simplemente fuera ¿dónde estamos? (Kokko, 2007). Algo parecido ocurre con este modelo. El exponente k es un ejemplo típico de la simplificación de un conjunto de procesos. Los cigotos más grandes tienen una mayor probabilidad de sobrevivir (Parker et al., 1972; Knowlton, 1974; Dusenbery, 2000, 2006) pero el conjunto de procesos particulares que genera esta tendencia en comunidades naturales no se conoce. Algunos autores consideran que al ser el tamaño de la cromatina constante, es la cantidad de vitelo y nutrientes en un cigoto recién formado lo que condiciona su supervivencia (Parker et al., 1972; Iyer y Roughgarden, 2008). A mayor cantidad de alimento se da un desarrollo más rápido y por ende los individuos pueden alcanzar estadíos juveniles con cierta motricidad y capacidad de buscar refugio rápidamente. Por otro lado, el aumentar de tamaño no siempre puede ser ventajoso o al menos no todas las consecuencias de ser más grande deben ser positivas: cigotos más grandes pueden ser presas fáciles de depredadores mayores, los cuales no necesariamente detectan tan fácilmente a cigotos de menor tamaño, y para los cuales encontrar huevos de gran tamaño es más probable. Todas estas opiniones e hipótesis encontradas deben ser puestas a prueba mediante experimentos que permitan esclarecer cuál es el valor de k en las poblaciones naturales y de cuales procesos biológicos depende el mismo. Con los estudios realizados hasta ahora sabemos que en la mayoría de los casos, los valores de k en la naturaleza son cercanos a los utilizados en el modelo, pero en algunas especies, estos son mucho menores a los requeridos para que la anisogamia sea considerada la estrategia evolutivamente estable (Knowlton, 1974; Bell, 1978; Madsen y Waller, 1983; Randerson y Hurst, 2001b). Muchos de los datos utilizados en estos estudios fueron obtenidos de algas multicelulares o coloniales y de invertebrados marinos. El parámetro k tiene un efecto marcado en los resultados del modelo. Al disminuir sus valores, la isogamia comienza a aparecer como el máximo global y real. A diferencia de los modelos publicados con anterioridad, el plano de respuesta muestra dos regiones simétricas pero claramente diferenciadas a cada lado de la diagonal isogámica. Debido a que la función de este modelo no es contínua y cambia dependiendo del lado de la diagonal en el que nos encontremos, es importante destacar que al disminuir k, el tamaño óptimo real del gameto de mayor tamaño pasa a ser el mínimo posible, con lo cual la isogamia pasa a ser la estrategia óptima.

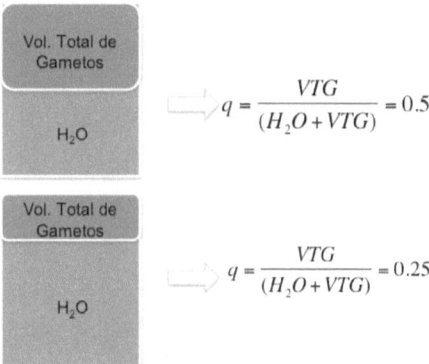

Figura 8: Ilustración en donde se puede apreciar el cálculo de q: Ilustración en donde se puede apreciar el cálculo de q, el cual es simplemente la relación entre el volumen de gametos que existe en un medio particular y el volumen de ese medio. Cada área roja representa el volumen total de gametos de un tipo sexual que existen en un momento dado en relación a su medio.

Concentración e inversión reproductiva. Uno de los parámetros más importantes de los modelos de anisogamia y de poliespermia es q, la relación de volumen entre la inversión reproductiva total (unidades de volumen) y el espacio del fluido en el que ocurre la dinámica. En otras palabras, q es la inversión reproductiva de la población en relación al volumen del medio. Si consideramos un tamaño poblacional constante de individuos productores de gametos, la inversión reproductiva de todos estos individuos en relación al medio será constante cada generación (según los supuestos básicos del modelo PBS) si se asume la liberación síncrona de gametos (Figura 8).

En el modelo se asume que cada tipo sexual posee una inversión constante y dado que la probabilidad de que un cigoto se desarrolle como uno de los dos tipos es la misma y el tamaño de la población se considera constante, se asume que todo el volumen de gametos de un tipo sexual en relación al medio será también una constante (q), igual para ambos tipos sexuales.

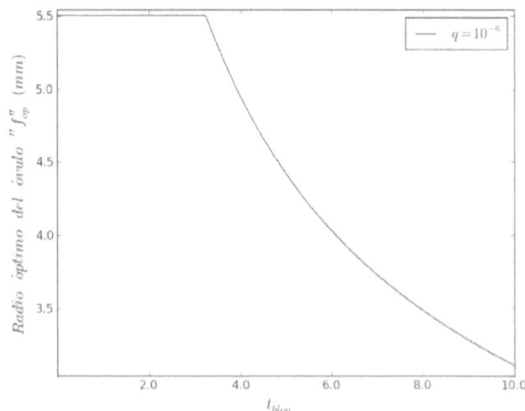

Figura 9: Tamaño óptimo del óvulo: Se muestra el tamaño óptimo del óvulo, para diferentes tiempos de bloqueo en una población en donde la inversión relativa q es igual a 10^{-6}. ($k = 1.5$).

Las estrategias de liberación de gametos al medio son prácticamente propias de cada especie de invertebrado marino (Denny, 1988; Thomas, 1994a,b; Levitan y Young, 1995; Togashi et al., 1997, 1998). En muchas de estas especies la liberación de gametos es sincronizada gracias a la respuesta conjunta a señales físico-químicas del ambiente, como por ejemplo, concentraciones de sales. Las concentraciones producidas por estas liberaciones masivas de gametos al ambiente, son sumamente variadas, y las mismas no son ni constantes ni homogéneas. Muchos autores han usado modelos básicos de reacción-difusión para modelar y estimar la distribución espacio temporal de los gametos durante la dinámica reproductiva. Aún en condiciones en las que existe una limitación espermática, se presenta un alto grado de incidencia de poliespermia, por lo que el conflicto sexual generado por la poliespermia se mantiene aun en esta situación (Franke et al., 2002). Dentro de estas dinámicas puede existir un gradiente tridimensional de concentraciones por lo que hablar de sólo un valor de concentración, y asumir que la misma es homogénea en el espacio, es un supuesto de éste y otros modelos de mecánica estadística aplicada a gametos (Styan, 1998; Millar y Anderson, 2003). Por lo general, en organismos de fertilización externa, las concentraciones de gametos son aparentemente pequeñas.

Los resultados de este modelo indican que altas concentraciones de gametos llevan los máximos global y real a la diagonal isogámica (Figuras 4 y 7), por lo que podriamos esperar que los casos de isogamia producto de la poliespermia sean escasos. Aunque en estos organismos, los valores relativamente pequeños de q son típicos, hay excepciones (Franke et al., 2002) y lo que estas nos muestran es que para poder estimar densidades naturales, debemos considerar una escala espacial adecuada para cada escenario. Por ejemplo, algunas algas (Togashi et al., 1998) poseen estrategias y características particulares que permiten llevar la dinámica reproductiva a la superficie del medio acuático, la cual se comporta como un espacio bidimensional. En este caso, las probabilidades de encuentro y las densidades por unidad espacial serian mayores a las existentes en un espacio 3D, típico de un fluido (Togashi et al., 2004). Otro caso interesante, es el de ciertas algas que llevan a cabo la liberación de gametos en lagunas intermareales de costas rocosas en donde las concentraciones relativas llegan a ser elevadas, el hecho de que estas algas posean gametos isogámicos o ligeramente anisogámicos (Togashi et al., 2004) es congruente con las predicciones de este modelo, ya que estos organismos se reproducen en volúmenes relativamente pequeños de agua y esto se traduce en un mayor valor del parametro q en el modelo. Un aumento de q implica un movimiento del máximo global hacia zonas isogámicas del plano respuesta. Si al mismo tiempo aumenta el tiempo de bloqueo, este comportamiento se intensifica. El máximo real tiende a presentar valores más altos de tamaño de óvulo a medida que disminuimos la inversión reproductiva relativa, lo que predice que en poblaciones en donde los gametos son liberados en volúmenes sumamente grandes de agua, el efecto de la poliespermia será mínimo y la EEE será la anisogamia extrema, restringida por otras características y procesos, no considerados en el modelo (Figura 7). Esta predicción parece ser acertada por el hecho de que la gran mayoría de especies isogámicas de algas poseen gametos sumamente pequeños, similares a los gametos masculinos de especies estrechamente relacionadas filogenéticamente. Esto que indica que la anisogamia puede estar relacionada a una disminución o restricción del tamaño del gameto femenino, en lugar de estar asociada a un aumento de tamaño del masculino (e.g. Togashi et al., 2004; Iyer y Roughgarden, 2008)).En la Figura 9 se puede observar el comportamiento del tamaño óptimo del óvulo, al disminuir aun más que en la figura 7, la inversión reproductiva q.

Es importante resaltar que Styan (1998) calcula los tamaños óptimos de óvulos que garantizen la maxima tasa fertilización de una manera similar a la descrita aqui, pero no se considera el modelo PBS, simplificando la tasa de encuentro.

Modificaciones de modelos preexistentes. Una de las modificaciones más importantes que se le aplicó al modelo original de Styan (1998), fue la inclusión de la tasa de encuentro calculada por Boltzmann (1964) y usada con anterioridad en varios modelos de biología, química y mecánica estadística (Gerritsen y Strickler, 1977; Cox y Sethian, 1985).

Estas modificaciones incluyeron el establecimiento de la relación inversamente proporcional entre tamaño y la rapidez del gameto, así como la inclusión de las constantes de encuentros ya mencionadas, las cuales consideraban tanto el radio como la rapidez de cada una de las partículas involucradas (Boltzmann, 1896; Dusenbery, 2006).

Limitaciones del modelo. Como todo modelo, éste es simplemente una versión simplificada de la realidad operativa que busca explicar y predecir ciertos valores que posteriormente pueden y deben ponerse a prueba mediante experimentos. Sin embargo, dentro de la problemática a la que está referida tanto este, como muchos otros modelos existen ciertas consideraciones particulares que por lo general son pasadas por alto. Una de las más importantes, es la asimetría entre los papeles que juegan cada uno de los tipos de gametos. Para que muchos de estos modelos tengan sentido debemos asumir que existe sólo la posibilidad de que un óvulo o gameto femenino sea fertilizado por uno o varios gametos masculinos. El caso complementario sería que ambos gametos puedan ser fertilizados por uno o más de los otros gametos. Por ejemplo, asumamos que al entrar en contacto con un óvulo, el gameto masculino conserve su capacidad de fertilizar otros óvulos. Una vez que la relación asimétrica entre los sexos queda establecida, las dinámicas propuestas por estos modelos comienzan a tener sentido. Si asumimos que la condición ancestral fue isogámica (e.g., (Bell, 1978; Iyer y Roughgarden, 2008)), ¿qué es lo que estableció quien quedaba embebido o adherido a quien después de la fertilización?, ¿sucedió esto después o de manera paralela a la evolución de la anisogamia?, ¿pudo ser esta asimetría un condicionante de la evolución de la anisogamia?, ¿se debe construir un modelo que considere procesos particulares en las regiones cercanas a la diagonal isogámica?, ¿existe algún tipo de "poliovolemia" en donde un gameto masculino fertilice a dos hembras? Todas estas preguntas no forman parte del objetivo de este trabajo pero es relevante que queden establecidas si nuestra intención es avanzar tanto en el campo experimental como teórico, hacia el entendimiento del dimorfismo sexual, la evolución de la anisogamia y la existencia de la poliespermia.

La evolución de la anisogamia es uno de los procesos más interesantes de la biología evolutiva, no sólo por su dinámica y factores, sino además por sus implicaciones para el desarrollo del dimorfismo sexual en una enorme cantidad de especies.

Aún quedan muchas preguntas por responder y muchos planteamientos e ideas por ser escuchadas. Este trabajo pretende contribuir en esta área de la biología ofreciendo un modelo con predicciones explícitas que requerirán de un estudio experimental para ser probadas. Nuevas aproximaciones teóricas que busquen predecir los efectos de la poliespermia sobre la evolución de la anisogamia deben ser construidas y puestas a prueba frente a las evidencias y datos experimentales recolectados. Para probar tanto éste, como muchos otros modelos, se requieren datos sobre el tamaño de los gametos, las densidades en poblaciones naturales durante los eventos reproductivos y la relación entre el *fitness* del cigoto y el tamaño del mismo, en grupos filogenéticamente relacionados y con diferentes tiempos de bloqueo. Las densidades en poblaciones naturales deben muestrearse *in situ* con diferentes tecnicas de recolección dependiendo del caso, los tiempo de bloquedo requieren de un conjunto de tecnicas de marcaje molecular junto con microscopia confocal laser y otras técnicas de visualización (Ghetler et al., 1998). El parametro k es uno de los mas dificiles de evaluar dada la gran cantidad de procesos que este incluye y simplifica, sin embargo estudios que relacionan el tamaño y el *fitness* de los adultos con el tamaño del cigoto a partir del cual se desarrolló pueden darnos un estimado de cual es su valor en ciertos grupos de algas (Randerson y Hurst, 2001a).

Comentarios Finales

Se describió el efecto de la poliespermia en la evolución de la anisogamia por medio de un modelo matemático original que predice la variación del tamaño del óvulo femenino en función de su tiempo de bloqueo (t_{bloq}), la inversión de biomasa de gametos relativa al medio (q), y un parámetro generalizado que determina la relación entre el *fitness* de los gametos y el tamaño de los cigotos que de ellos se producen (k). Este modelo predice que el tiempo de bloqueo determina de manera inversa el grado de anisogamia, dado que reduce el tamaño óptimo del gameto femenino. Ademas el modelo predice que mientras menor sea la inversión relativa al medio, q, mayor será el tamaño óptimo del gameto femenino.

Se espera entonces que poblaciones cuyas dinámicas reproductivas ocurran en grandes volúmenes de agua, sean anisogámicas, y que sus gametos femeninos sean de mayor tamaño. Este modelo a diferencia de los que se pueden encontrar en la bibliografía integra dos procesos evaluados previamente a nivel teórico pero nunca acoplados de manera explícita en una función de *fitness*. La relevancia y el efecto de la poliespermia en la evolución y mantenimiento de la anisogamia se hace evidente al analizar nuestro modelo, las predicciones generadas parecen ser respaldadas de manera no clonclusiva por la evidencia empirica y experimental recolectada hasta el momento y nos permiten plantear nuevas preguntas. Recordemos que estas predicciones deben ponerse a prueba usando grupos de organismos estrechamente relacionados, y en los cuales se pueda estimar en condiciones naturales tanto el tamaño promedio de sus gametos, como la inversión relativa, el exponente k y el tiempo de bloqueo. Es importante destacar que los valores de densidad relativa de gametos, q, y el exponente que define la relación entre el *fitness* y el tamaño del cigoto, k, tienen un gran efecto en las respuesta del modelo y deben ser considerados a la hora de ponerlo a prueba frente a datos experimentales.

Agradecimientos. Mis padres siempre han sido la base de mi amor por la ciencia, sin su apoyo y el constante incentivar de mi curiosidad estas palabras no estarían aquí. También me gustaría agradecer a todos aquellos compañeros y profesores que durante mi carrera me han apoyado y con los que he podido compartir momentos de asombro y pasión por el conocimiento. En especial quiero agradecer a los profesores Emilio Herrera, Juan Jose Cruz, Klaus Jaffe y por último, y por ello más importante, Infinitas Gracias al profesor Roberto Cipriani por su paciencia, su tutoría y su amistad. Los dos árbitros anónimos que invirtieron parte de su tiempo en corregir este manuscrito tienen toda mi gratitud y respeto, sus observaciones fueron pertinentes y relevantes, muchas gracias.

Referencias

Babcock, R. y Keesing, J. (1999). Fertilization biology of the abalone haliotis laevigata: Laboratory and field studies. *Canadian Journal of Fish and Aquatic Science*, 56:1668–1678.

Bell, G. (1978). The evolution of anisogamy. *Journal of Theoretical Biology*, 73:247–270.

Block, M. y Moody, W. (1987). Changes in sodium, calcium and potassium currents during early embryonic development of the ascidian boltenia villosa. *Journal of Physiology*, 393:619–634.

Bode, M. y Marshall, D. (2007). The quick and the dead? Sperm competition and sexual conflict in the sea. *Evolution*, 61(11):2693–2700.

Boltzmann, L. (1964(1896)). *Lectures on Gas Theory*. University of California Press, Berkeley.

Bulmer, M. y Parker, G. (2002). The evolution of anisogamy: a game-theoretic approach. *Proceedings of the Royal Society of London B*, 269:2381–2388.

Byrd, E. y Collins, F. D. (1975). Absence of fast block to polyspermy in eggs of the sea urchin *Strongylocentrous purpuratus*. *Nature*, 257:675–677.

Cox, P. y Sethian, J. (1985). Gamete motion, search, and the evolution of anisogamy, oogamy, and chemotaxis. *American Naturalist*, 125:74–101.

Denny, M. (1988). *Biology and mechanics of the wave swept enviroment*. Princeton University Press, Princeton, Nueva Jersey.

Dusenbery, D. (2000). Selection for high gamete encounter rates explains the success of male and female mating types. *Journal of Theoretical Biology*, 202(202):1–10.

Dusenbery, D. (2006). Selection for high gamete encounter rates explains the evolution of anisogamy using pausible assumptions about size relationships of swimming speed and duration. *Journal of Theoretical Biology*, 241:33–38.

Franke, E., Babcock, R., y Styan, C. (2002). Sexual conflicto under sperm-limited conditions: In situ evidence from field simulations with the free-spawning marine echinoid evenchinus chloroticus. *The American Naturalist*, 160:485–496.

Gerritsen, J. y Strickler, J. (1977). Encounter probabilities and community structure in zooplankton: a mathematical model. *Journal of Fish Research Board Canada*, 34:73–82.

Ghetler, Y., Raz, T., BenNun, I., y Shalgi, R. (1998). Cortical granules reaction after intracytoplasmic sperm injection. *Molecular Human Reproduction*, 4:289–294.

Gould, M. y Stephano, J. (2003). Polyspermy prevention in marine invertebrates. *Microscopic Resolution Techniques*, 61:379–388.

Gould, M., Stephano, J., Ortiz-Barron, B., y Perez-Quezada, I. (2001). Maturation and fertilization in lottia gigantea oocytes: intracellular ph, ca(2+), and electrophysiology. *Journal of Experimenal Zoology*, 290:411–420.

Gould-Somero, M., Jaffe, L., y Holland, L. (1979). Electrically mediated fast polyspermy block in eggs of the marine worm, urechis caupo. *Journal of Cell Biology*, 82:426–440.

Grubert, M., Mundy, C., y Ritar, A. (2005). The effects of sperm density and gamete contact time on the fertilization success of blacklip and greenlip abalone. *Journal of Shellfisheries Research*, 24(2):407–413.

Hamel, J. y Mercier, A. (1996). Gamete dispersión and fertilisation success of the sea cucumber *Cucumaria frondosa*. *SPC Beche-de-mer imformation*, 8:34–40.

Iyer, P. y Roughgarden, J. (2008). Gametic conflict versus contact in the evolution of anisogamy. *Theoretical Population Biology*, 73:461–472.

Jaffe, L. A. y Gould, M. (1985). Polyspermy-preventing mechanism. En Metz, C. y Monroy, A., editores, *Biology of fertilization*, volumen 3. Academic Press, Nueva York.

Knowlton, N. (1974). A note on the evolution of gamete dimorphism. *Journal of Theoretical Biology*, 46:283–285.

Kokko, H. (2007). *Modelling for Field Biologist and Other Interesting People*. Cambridge University Press, Cambridge, Reino Unido.

Lambert, C. y Lambert, G. (1981). Formation of the block to polysoermy in ascidians eggs: time course, ion requirements, and role of the accesory cells. *Journal of Experimental Zoology*, 190:291–295.

Lessells, C., Snook, R., y Hosken, D. (2009). The evolution of sperm: selection for a small, motile gamete. En Birkhead, T., Hosken, D., y Pitnick, S., editores, *Sperm biology: an evolutionary perspective*. Academic Press, Burlington, MA.

Levitan, D. (1996). Effects of gamete traits on fertilization in the sea and the evolution of sexual dimorphism. *Nature*, 382:153–155.

Levitan, D. y Young, C. (1995). Reproductive success in large populations: empirical measures and theoretical predictions of fertilización in the sea biscuit clypeaster rosaceus. *Journal of Experimental Marine Biology and Ecology*, 190:221–241.

Madsen, J. y Waller, D. (1983). A note on the evolution of gamete dimorphism in algae. *American Naturalist*, 121:443–447.

Maire, N., Ackermann, M., y Doebeli, M. (2001). Evolutionary branching and the evolution of anisogamy. *Selection 2*, 1:119–131.

Maynard Smith, J. (1982). *Evolution and the theory of games*. Cambridge University Press, Cambridge, Reino Unido.

Millar, R. B. y Anderson, M. J. (2003). The kinetics of monospermic and polyspermic fertilization in free-spawning marine invertebrates. *Journal of Theoretical Biology*, 224:79–85.

Monroy, A. (1986). A centennial debt of developmental biology to the sea urchin. *Biology Bulletin*, 171:509–519.

Moreau, M., Leclerc, C., y Guerrier, P. (1996). Meiosis reinitiation in *Ruditapes philippinarum* (mollusca) involvement of l- calcium channels in the release of metaphase i block. *Zygote*, 4:151–157.

Otto, S. y Troy, D. (2007). *A Biologist's guide to mathematical modeling in Ecology and Evolution*. Princeton University Press, Princeton, Nueva Jersey.

Ouadid-Ahidouch, H. (1998). Voltage-gated calcium channels in pleurodeles oocytes: classification, modulation and functional roles. *Zygote*, 6:89–95.

Panhuis, T., Clark, N., y Swanson, W. (2006). Rapid evolution of reproductive proteins in abalone and *Drosophila*. *Philosophical Transactions of the Royal Society of London B*, 361:261–268.

Parker, G., Baker, R., y Smith, V. (1972). The origin and evolution of gamete dimorphism and the male-female phenomenom. *Journal of Theoretical Biology*, 36:529–553.

Pieters, M., Dumoulin, J., R.C.M. Ignoul-Vanvuchelen, M. B., Evers, J., y Geraedts, J. (2005). Triploidy after in vitro fertilization: Cytogenetic analysis of human zygotes and embryos. *Journal of Assisted Reproduction and Genetics*, 9:68–76.

Randerson, J. y Hurst, L. (2001a). A comparative test of a theory for the evolution of anisogamy. *Procedings of The Royal Society of London B*, 268:879–884.

Randerson, J. y Hurst, L. (2001b). The uncertain evolution of sexes. *Trends in Ecology and Evolution*, 16:571–579.

Spielman, M. y Scott, R. (2008). polispermy barriers in plants: from preventing to promoting fertilization. *Sexual Plant Reproduction*, 21(1):53–65.

Spinelli, G. y Albanese, I. (1990). Echinodermata: Molecular and cellular biology of the sea urchin embryo. En Adiyodi, K. y Adiyodi, R., editores, *Reproductive Biology of invertebrates*, pp. 283–290. Wiley, Nueva York.

Stearns, S. (1987). why sexes evolved and the difference it makes. En *The evolution of sex an its consequences*, pp. 15–32. Birkhauser.

Styan, C. (1998). Polyspermy, egg size, and the fertilization kinetics of fre-spawning marine invertebrates. *American Naturalist*, 152:290–297.

Thomas, F. (1994a). Physical properties of gametes in three sea urchins species. *Journal of Experimental Biology*, 194:263–284.

Thomas, F. (1994b). Transport and mixing of gametes in three free-spawning polycheate annelids. *Phragmatopoma californica* (fewkes), *Sabellaria cementarium* (moore), *Schizobranchia insignis* (bush). *Journal of Experimental Marine Biology and Ecology.*, 179:12–27.

Togashi, T., Bartelt, J., y Cox, P. (2004). Simulation of gamete behaviors and the evolution of anisogamy: reproductive strategies of marine green algae. *Ecological Research*, 19(6):563–569.

Togashi, T., Motomura, T., e Ichimura, T. (1997). Production of anisogametes and gamete mobility dimorphism in *Monostroma angicava*. *Sexual Plant Reprodution*, 10:261–268.

Togashi, T., Motomura, T., e Ichimura, T. (1998). Gamete dimorphism in *Bryopsis plumose*: phototaxis, gamete motility, and pheromonal attraction. *Botanica marina*, 41:257–264.

Tosti, E. y Boni, R. (2004). Electrical events during gamete maturation and fertilization in animals and humans. *Human reproduction update*, 10:53–65.

Vogel, H., Czihak, G., Chang, P., y Wolf, W. (1972). Fertilization kinetics of the sea urchin eggs. *Mathematical Biosciences*, 58:189–216.

Ziomek, C. y Epel, D. (1975). Polyspermy block of spisula eggs is prevented by cytochalasin b. *Science*, 189:139–141.

Contacto

MGC: Institute for Complex Systems Simulations. School of Electronics and Computer Science, University of Southampton. Southampton, Reino Unido.

mgc1g11@soton.ac.uk, mgonzalezcanudas@gmail.com

Modelos y simulaciones biológicas: ecología y evolución
Harold P. de Vladar y Roberto Cipriani. (eds.) 2015
Impreso por Createspace. ISBN-13: 978-1516867561 / ISBN-10: 1516867564
https://goo.gl/kVfvnu

Propiedades emergentes, eficiencia y redes de termiteros

Diego Griffon   *Klaus Jaffe*   *Carmen Andara*

La complejidad aparente de nuestro comportamiento en el tiempo es, en buena parte, un reflejo de la complejidad del ambiente en el cual nos encontramos.

H. A. Simon (1996)

Introducción

Durante las últimas décadas del siglo veinte la investigación de los sistemas complejos se afianzó como un campo reconocido de investigación científica. Esta área del conocimiento ha sido particularmente exitosa en proveer herramientas y aproximaciones epistemológicas tan novedosas (Capra, 1996) que algunas de ellas han dado paso a serios cuestionamientos y cambios de paradigmas (Gleick, 1997).

Se considera particularmente importante dentro de este acercamiento, el abandono del reduccionismo, práctica que ha permitido poner en relieve nuevamente la importancia que tienen las interacciones en la dinámica a gran escala de los sistemas. Una importante consecuencia de estas interacciones es el surgimiento de propiedades emergentes (Goodwin, 1994), es decir aquellas que surgen a un nivel de organización superior a partir de las interacciones que se dan entre los elementos de un nivel de organización inferior (Solé y Manrubia, 1996). Las propiedades emergentes explican una infinidad de patrones y procesos en las más diversas áreas de la ciencia (Solé y Goodwin, 2000).

Una de las áreas de investigación activas en el estudio de los sistemas complejos, está orientada a establecer hasta qué punto una propiedad emergente puede optimizar una función (Buhl et al., 2004; Perna et al., 2008). Es precisamente ésta la línea conceptual que se sigue en este capítulo. Aquí analizaremos como una propiedad emergente puede optimizar procesos y funciones específicas.

Nos concentraremos en un caso particular de insectos eusociales. Los patrones conductuales de estos insectos son frecuentemente utilizados en la literatura como ejemplos de sistemas complejos (Solé y Manrubia, 1996) y han sido ampliamente estudiados (Theraulaz y Spitz, 1997).

Son particularmente interesantes los aportes realizados por Bonabeau et al. (1999); Bonabeau y Theraulaz (1994); Theraulaz y Spitz (1997); Camazine et al. (2003) en los que se establece firmemente el rol de las propiedades emergentes en los comportamientos de enjambre de estos organismos (Theraulaz y Spitz, 1997; Bonabeau et al., 1999).

Investigadores como Buhl et al. (2004); Jackson et al. (2004); Goss et al. (1989); Perna et al. (2008) han encontrado evidencias que muestran como del comportamiento de insectos eusociales surgen propiedades emergentes que optimizan funciones importantes para sus colonias. En particular, utilizando un enfoque basado en la teoría de grafos Buhl et al. (2004); Perna et al. (2008) han mostrado cómo la estructura de estos nidos y sus galerías optimizan el comportamiento de forrajeo de los insectos.

La teoría de grafos estudia, entre otras cosas, las propiedades geométricas de las redes, que son estructuras abstractas definidas por un conjunto de nodos conectados a través de enlaces (Albert y Barabási, 2002; Dorogovtsev y Mendes, 2002; Newman, 2003). Una aproximación interesante para estudiar la arquitectura de los nidos de los insectos eusociales y establecer cuán cercanas se encuentra ésta de óptimos geométricos, utilizando esta teoría, es considerar a los nidos como nodos y a las galerías entre ellos como enlaces.

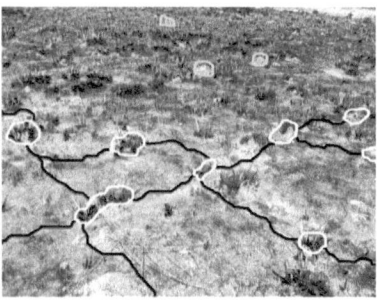

Figura 1: Red de termiteros y galerías de *N. ephratae* luego que un incendio natural hiciera su estructura visible. Derecha: fragmento de una red. Izquierda: detalle de la misma red en la cual se han resaltado sus elementos. Las redes estudiadas están compuestas de 3 elementos básicos: nidos principales, nidos satélites y galerías entre nidos. Línea gris: nidos principales, Línea blanca: nidos satélites, Líneas Negras: galerías.

En este capítulo utilizamos esta aproximación para estudiar la arquitectura de las redes de termiteros que *Nasutitermes ephratae* (Isoptera: Nasutitermitinae) construye sobre la superficie del suelo en sabanas herbáceas de la Gran Sabana (Venezuela) (Figura 1). En particular, este estudio se basa en información de campo obtenida de 3 redes de termiteros: una gran red compuesta de 645 nidos y 707 galerías, a la que llamaremos Red Principal y dos redes mas pequeñas, una con 80 y otra con 70 nidos.

Redes complejas

Uno de los avances más interesantes en el área de los sistemas complejos, ha sido el descubrimiento de patrones de organización afines en redes de diferente naturaleza (Strogatz, 2001; Solé, 2009). Por ejemplo, se han encontrado patrones topológicos comunes en redes metabólicas, ecológicas, sociales e inclusive en la Internet (Solé, 2009). Hallazgos como estos han permitido pensar que es

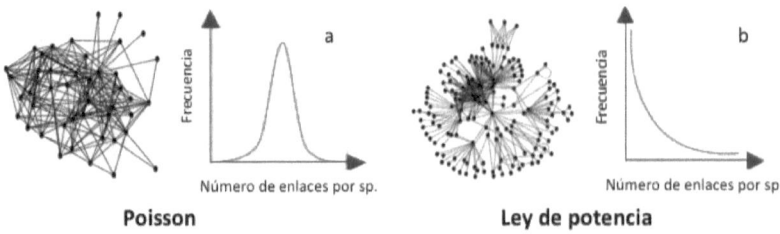

Figura 2: (a) Redes Poisson y (b) ley de potencia, con sus respectivas distribuciones de grados.

posible que existan patrones universales de organización en estas redes.

Distribución de grados. Una de las características que ha recibido más atención en el estudio de las redes complejas es la distribución de grados (Solé, 2009). La distribución de grados de una red es un histograma que muestra la distribución de frecuencias de nodos con un determinado número de enlaces (i.e. grado del nodo). Dos distribuciones de grado han recibido mucha atención (Newman, 2003): la distribución tipo Poisson y la distribución tipo ley de potencia (Figura 2). La distribución Poisson caracteriza a redes cuyos enlaces han sido asignados al azar. En este tipo de redes el número de enlaces por nodo es poco variable y puede ser caracterizado por la media. Por su parte, la distribución tipo ley de potencia se encuentra en redes con un número de enlaces por nodo muy variable y en las que pocos nodos poseen múltiples enlaces y mútiples nodos, pocos enlaces.

Una característica importante de estas distribuciones de grado es que son propias de redes cuyas topologías optimizan procesos particulares. En las redes Poisson, la estructura optimiza la vulnerabilidad de la red ante la pérdida de nodos. Es decir, estas redes no pierden cohesión cuando se eliminan sus nodos. Por su parte, en las redes tipo ley de potencia, se optimiza la distancia entre

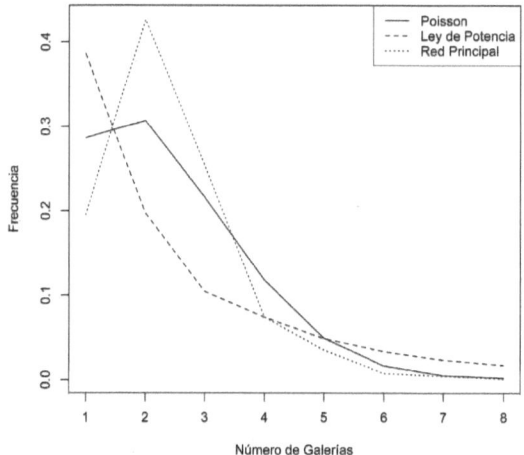

Figura 3: Distribución de grados de la Red Principal, así como las distribuciones promedio resultado de la simulación de redes Poisson y ley de potencia.

los nodos que no son vecinos (Albert et al., 2000). En este caso, se entiende por distancia la cantidad de enlaces que separan a dos nodos de la red.

La primera pregunta que abordamos en este estudio es establecer si las redes de termiteros de *N. ephratae* presentan distribuciones de grados similares a cualquiera de las antes descritas, Poisson o ley de potencia. Para ello se simularon 100 redes con topologías acordes con cada una de estas distribuciones. Las redes tipo Poisson se simularon mediante el mecanismo propuesto por Erdős y Rényi (1960) mientras que las redes tipo ley de potencia mediante el algoritmo propuesto por Pennock et al. (2002). Todas fueron generadas con la restricción de tener el mismo número de nodos y promedio de grados, $K_{med} = 2.2$, de la Red principal con la cual se las comparó.

En la Figura 3 se muestra la distribución de grados real de la Red Principal, junto como las distribuciones promedio obtenidas mediante simulaciones. Si bien estos gráficos tienen muy pocos

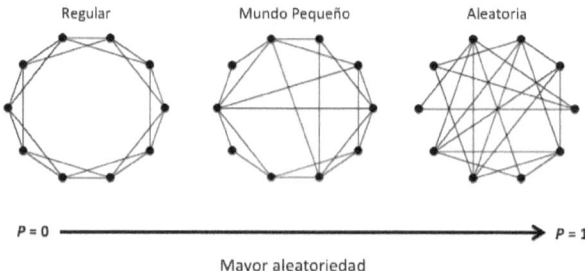

Figura 4: Relaciones entre las redes regulares, de mundo pequeño y aleatorias.

puntos como para poder realizar un ajuste estadístico riguroso, en la figura se advierte que la distribución de grados de la Red Principal no se asemeja a ninguna de las dos distribuciones teóricas.

Mundos pequeños. Otro patrón arquitectónico común a muchas redes complejas ha sido propuesto por Watts y Strogatz (1998). Estos autores han sugerido que la mayoría de las redes observadas no lucen como grafos con conexiones aleatorias, pero tampoco parecen mallas regulares (i.e., *lattices* o grillas) con igual número de conexiones entre los nodos. Ellos proponen un modelo de formación de redes en el cual a partir de una malla regular se reconectan los enlaces al azar, con una probabilidad *P* (Figura 4). Mediante este simple proceso se obtienen redes conocidas como de Mundo Pequeño. La característica central de estas redes (y a la cual deben su nombre) es que para cualquier par de nodos escogidos al azar, se puede encontrar una ruta corta que los une, la cual involucra la intermediación de un número reducido de nodos y enlaces.

Newman (2003) ha definido a una red Mundo Pequeño como aquella en la que la distancia promedio es igual o menor al logaritmo del tamaño del sistema (*n*). El tamaño del sistema es igual al número de nodos presente en la red. En nuestro caso, el tamaño es 645 para la Red Principal. La distancia promedio de la red es el número promedio de enlaces que separan a todas las parejas de nodos, 23 en este estudio. Dado que el logaritmo de n es aproximadamente 3 en la Red Principal, difícilmente ésta puede ser considerada como una red de Mundo Pequeño.

Redes con restricciones dimensionales. Hemos visto que las redes de termiteros no siguen patrones topológicos comúnmente presentes en otras redes complejas. Una posible explicación de este resultado es que las restricciones existentes en las redes de termiteros son diferentes a las de otras redes complejas. Veamos este argumento con más detalle. Una característica común a todas las redes cuyas distribuciones de grados se ajustan a distribuciones Poisson o ley de potencia, es que son redes en las cuales los enlaces no representan distancias reales. Por ejemplo, un enlace en una red trófica, metabólica o informática no representa la distancia que la "información" debe recorrer en la red (i.e., los enlaces no son estructuras espacialmente explícitas). Sin embargo, los enlaces en las redes de termiteros son estructuras reales, son galerías cubiertas que se extienden por la superficie del suelo, en básicamente dos dimensiones. Las galerías son utilizadas por las termitas con fines concretos y su construcción involucra costos energéticos. Por lo tanto, en las redes de termiteros operan restricciones espaciales y energéticas evidentes que deben ser incluidas en su análisis.

Redes en dos dimensiones

Son muchas las redes reales construidas en dos dimensiones. Existen redes eléctricas, ferroviarias, de tuberías y carreteras (Gorman y Kulkarni, 2004; Gastner y Newman, 2006a,b) que han sido bien estudiadas. En todos estos casos, el hecho de estar construidas sobre superficies ha mostrado tener importantes efectos en su topología, y todas poseen una estructura planar (Gastner y Newman, 2006a,b). Una red planar es aquella que puede ser

Figura 5: Representación esquemática de la Red Principal

representada en dos dimensiones sin que ninguno de sus enlaces se superponga (i.e., sus enlaces nunca se cruzan). La redes planares pueden ser entendidas como grafos que optimizan su estructura en dos dimensiones, evitando que ocurran arreglos ineficientes como el paso de dos enlaces por el mismo sitio (Gorman y Kulkarni, 2004).

Otra característica común de estas redes es que los ángulos entre los enlaces optimizan alguna de sus funciones (Goss et al., 1989). En el caso de las redes de termiteros, la función principal de las galerías es permitir la exploración del área circundante a los nidos en busca de alimento, por lo tanto es posible que los ángulos en estas redes optimicen esta conducta. Es de esperar entonces que la estructura de la red permita explorar el área alrededor de los nidos de forma eficiente.

En las redes de termiteros, la construcción de galerías involucra costos energéticos, por lo que una manera de optimizar su construcción es minimizar el número de galerías construidas. Un grafo construido con el número mínimo de enlaces es conocido como un *minimum spanning tree* (MST) (Gastner y Newman, 2006a,b), Entonces, una manera de evaluar si las redes de termiteros optimizan

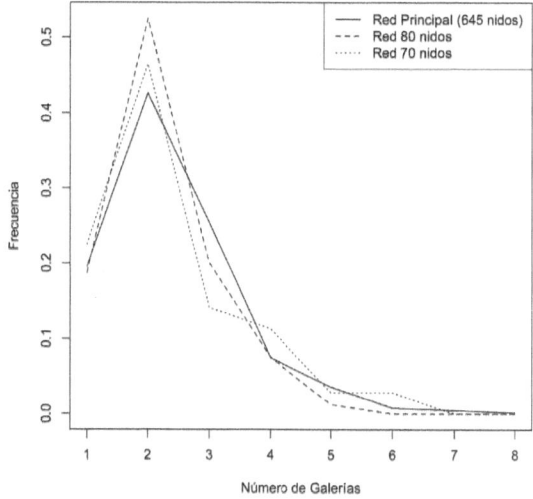

Figura 6: Distribución de grados de diferentes redes de termiteros. Nótese el máximo presente en todas las redes en nidos con dos galerías.

el número de enlaces es comparando su estructura con la de MSTs.

En los siguientes apartados de este capítulo pondremos a prueba si las redes de termiteros de *N. ephratae* son planares, optimizan los ángulos entre los nidos, optimizan el área de forrajeo y, finalmente, son similares a MSTs particulares.

Redes de termiteros

Generalidades. Las redes de termiteros estudiadas pueden ocupar áreas de hasta 2000 m^2 y presentan un marcado sesgo hacia la presencia de nidos con dos galerías (i.e., grado dos). En efecto, el sesgo hacia nidos con dos galerías es una característica común a todas las redes de termiteros evaluadas. Esto se observa claramente en la representación de la Red Principal (Figura 5) y en su distribución de grados (Figura 6).

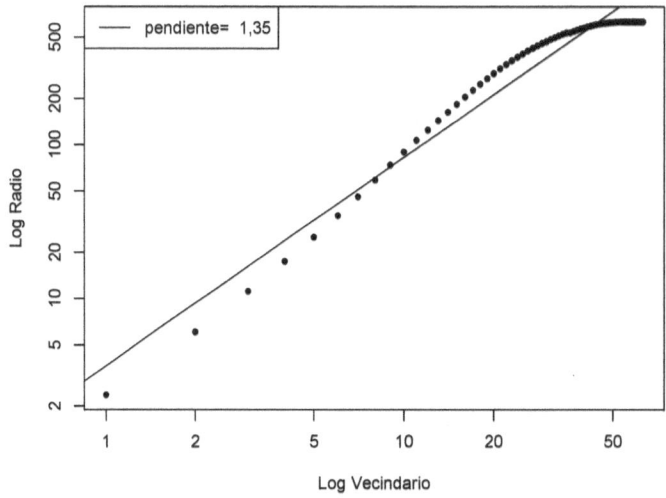

Figura 7: Dimensión de la Red Principal.

Redes de termiteros planares.   Para establecer si una red es planar se debe calcular su dimensión: redes con dimensiones menores a 2 son planares. La dimensión de una red puede ser calculada mediante el procedimiento propuesto por Gastner y Newman (2006a). Esta metodología es conceptualmente similar al procedimiento de conteo de cajas utilizado para calcular dimensiones fractales. El método consiste en: (a) Utilizar círculos de diferentes radios para establecer los vecindarios de cada nodo. Un vecindario está definido como el número de nodos con los cuales se conecta un nodo particular en una circunferencia de radio dado; (b) Calcular la media de los vecindarios delimitados por circunferencias de diferentes radios; (c) Representar gráficamente el logaritmo de la frecuencia de las medias frente al logaritmo de los radios de las circunferencias utilizadas para evaluar la red (Figura 7); (d) Ajustar una recta de regresión de mínimos cuadrados; (e) Obtener la pendiente de esta recta (Newman y Watts, 1999; Csanyi y Szendroi, 2004), que representa la

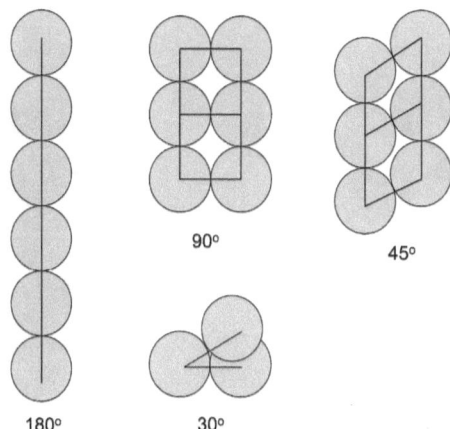

Figura 8: Ejemplos de ángulos entre galerías (líneas). Los círculos grises representan territorios de forrajeo de tamaño constante. Ángulos de 180° o de 90° (±45) impiden la sobreposición de los territorios de forrajeo. Otros ángulos producen sobreposición, ver por ejemplo 30°.

dimensión de la red. Para las redes de termiteros, esta pendiente es en promedio 1.35 (± 0.03). Al ser este número menor que 2, las redes de termiteros estudiadas pueden ser consideradas planares.

Ángulos entre galerías. En las redes de termiteros evaluadas, los ángulos entre galerías consecutivas no son aleatorios. En efecto, predominan ciertos intervalos de ángulos. El 60% de los ángulos se encuentran en el intervalo comprendido entre 60° y 120°, mientras que el 25% de los ángulos se encuentran entre 160° y 180°. Si se supone que los territorios de forrajeo de esta especie tienen un tamaño constante, los ángulos observados con mayor frecuencia en las redes son precisamente aquellos que impiden la superposición de los territorios de forrajeo (Figura 8), optimizando de esta manera la actividad de las termitas.

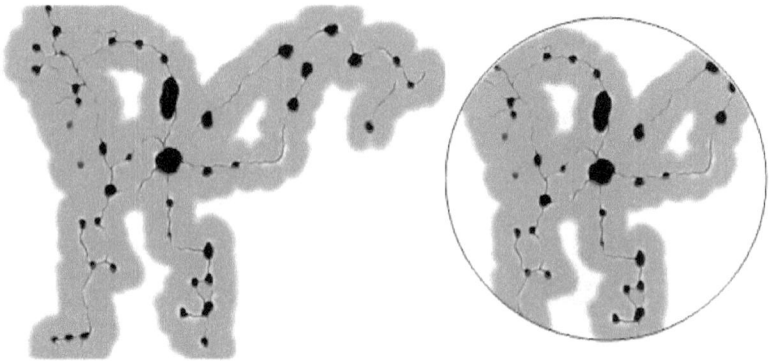

Figura 9: Representación a escala de un fragmento de la Red Principal, en gris se representa el área potencial de forrajeo. El círculo es equivalente un área de 24 m^2.

Área de forrajeo. Indudablemente, el fin último de la conducta de forrajeo en las termitas es colectar la mayor cantidad posible de alimento. En el caso de *N. ephratae*, el alimento consiste en restos de hojas y tallos de gramíneas y ciperáceas que las termitas colectan en las áreas circundantes a sus nidos. Por lo tanto, una estructura que puede aumentar la eficiencia de esta actividad, es aquella que permita a las termitas explorar y forrajear el máximo posible del área circundante a la red. Así, para establecer hasta qué punto la estructura de la red ayuda al forrajeo, es necesario primero establecer qué proporción del área circundante a la red está disponible para forrajear.

Se conoce que *N. ephratae* puede forrajear a cielo descubierto a una distancia máxima de 0.5 m (Carmen Andara, datos no publicados). Partiendo de esta información, se puede delinear sobre dibujos a escala de las redes un perímetro máximo de 0.5 m alrededor de la estructura más próxima de los nidos y galerías que forman la red, estableciendo así el área de forrajeo (Figura 9).

En la Figura 9 se aprecia como la arquitectura de la red asegura un uso casi total del área alrededor de los nidos. En efecto, si dibujamos

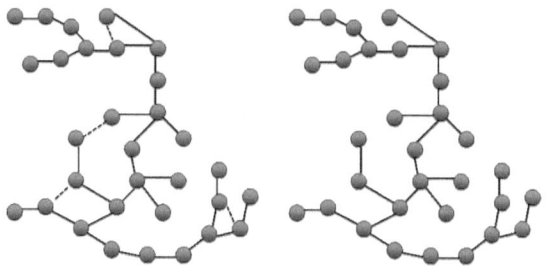

Figura 10: Eficiencia de la red. Izquierda: fragmento de la Red Principal. Derecha: MST obtenido a partir del fragmento de la Red Principal. Número de galerías en el fragmento de la Red Principal = 35, número de galerías en el MST = 31. Los vínculos representados con una línea punteada en el fragmento de la Red Principal, son aquellos que deben ser eliminados para transformar esta red en un MST.

un círculo de diámetro de 5.5 m alrededor de los nidos principales (Figura 9) obtenemos en promedio un 77.8 % de eficiencia en el uso del área.

Minimum spanning tree. Las redes de termiteros pueden ser transformadas en un MST (Buhl et al., 2004). El MST obtenido mediante esta transformación representa la forma geométrica óptima de conectar los nodos de la red original (i.e., utilizando el menor número de enlaces posible). Para establecer si las redes de termiteros tienen una estructura óptima, se comparó el número de enlaces presentes en ellas con el número de enlaces presentes en MSTs obtenidos a partir de las redes originales. Se encontró que la relación: *número de vínculos en la red de nidos / número de vínculos del MST*, es en promedio 0.85 ($\pm$ 0.12). Esto demuestra que la estructura de esta red se encuentra muy cerca de su óptimo. En la Figura 10 se muestra un ejemplo de las modificaciones necesarias para trasformar un fragmento de las redes de termiteros en un MST.

Algoritmo 1 Red de Termiteros (K_{max}, L, P, I)

1: $K_{max} \leftarrow 8$ (i.e. no más galerías/nido que el valor del grado máximo de las redes reales).

2: Se construye un nido en el centro de la grilla.

3: En el vecindario tipo *Moore* del nido se construye un nuevo nido con una probabilidad homogénea para todas las 8 celdas. El nuevo nido se conecta con el anterior mediante una galería. Si galerías/nido $> K_{max}$, se detiene el procedimiento.

4: Se repite (3) $L - 1$ veces (i.e., caminata aleatoria bidimensional de L pasos).

5: Con probabilidad P, se repite (3) L veces partiendo del nodo inicial o final de la caminata recién terminada (i.e., caminata aleatoria bidimensional de L pasos). Si galerías/nido $> K_{max}$, se detiene el procedimiento.

6: Se repite (2)-(5) I veces.

¿Cómo construir una red de termiteros?

Hasta ahora se ha mostrado cómo ciertas características de las redes de termiteros de *N. ephratae* se encuentran muy cerca de sus óptimos funcionales y geométricos. Esto nos lleva a preguntarnos acerca de los mecanismos que permiten que las termitas construyan nidos con estas particularidades. Para contestar esta pregunta implementamos un algoritmo simple, que supone que la longitud de los enlaces es uniforme y el ambiente homogéneo, restricciones que concuerdan con la evidencia empírica (Algoritmo 1).

Como resultado de simulaciones efectuadas con el modelo, se encontró que bajo amplios intervalos de los valores de los parámetros L, P, I el modelo logra reproducir las características básicas de las redes de termiteros estudiadas (Figura 11).

Comentarios finales

En este capítulo se ha mostrado que la especie de termitas *Nasutitermes ephratae* construye redes de termiteros con arquitecturas sumamente eficientes en términos del número de galerías utilizadas y del área de forrajeo generada por su estructura.

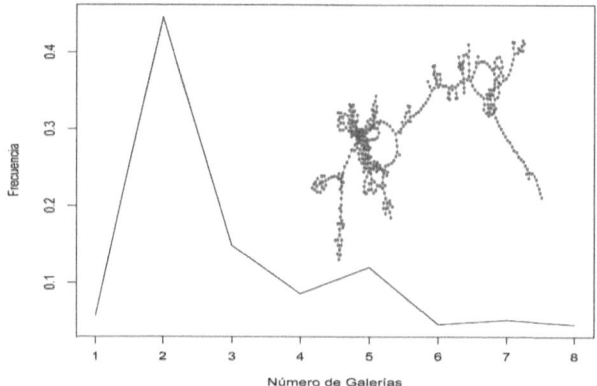

Figura 11: Red simulada y su distribución de grados.

Los resultados mostrados son particularmente interesantes cuando se considera que la construcción de estas redes es un ejemplo de autoorganización. Recordemos que los patrones arquitectónicos observados en los nidos de los insectos eusociales emergen de decisiones tomadas autónomamente por un grupo de agentes simples, sin que exista un plan general para su construcción (Buhl et al., 2004). Aún así, muchas características provistas por estas estructuras son consideradas óptimas o cuasi-óptimas, ejemplos los encontramos en su organización espacial, la ventilación que proveen y la temperatura y humedad relativa que mantienen en su interior (Korb y Linsenmair, 1998; Cole, 1994; Farji-Brener, 2000; Nielsen et al., 2003).

También se mostró que existen mecanismos de construcción sencillos que reproducen las características generales de las redes de termiteros de esta especie. Es interesante apreciar que en este caso mediante la ejecución de reglas simples, se pueden obtener estructuras sumamente eficientes en términos de la realización de funciones concretas, estructuras en efecto casi óptimas. En este sentido Herbert Simon (1955) definió la palabra *satisficing* para describir estrategias que alcanzan criterios de adecuación, en vez de óptimos. Éste tal vez sea un buen término para definir la estructura de las redes de termiteros de *N. ephratae,* ya que su estructura es adecuada para llevar a cabo su función, aunque no es estrictamente la estructura óptima.

Finalmente, se ha mostrado cómo una propiedad emergente puede llevar a cabo funciones de una manera eficiente (*satisficing*). En este sentido, si consideramos que muchas propiedades emergentes conocidas surgen mediante mecanismos sencillos (no muy diferentes de los aquí descritos), no es descabellado especular que estas también permitan realizar funciones de forma igualmente eficiente.

Agradecimientos Los autores deseamos agradecer a Glenda Briceño, Dayaleth Alfonzo, Roberto Cipriani y a dos árbitros anónimos por sus sugerencias y comentarios, los cuales ayudaron a mejorar significativamente la calidad de este trabajo. De igual manera expresamos nuestro agradecimiento a Augusto Andara y al personal de la Estación Científica Parupa (Gran Sabana-Venezuela), sin cuyo apoyo no hubiese sido posible la realización del trabajo de campo.

Referencias

Albert, R. y Barabási, A. L. (2002). Statistical mechanics of complex networks. *Reviews of Modern Physics*, 74(1):47–97.

Albert, R., Jeong, H., y Barabási, A. L. (2000). Error and attack tolerance of complex networks. *Nature*, 406(6794):378–382.

Bonabeau, E., Dorigo, M., y Theraulaz, G. (1999). *Swarm intelligence: from natural to artificial systems*. Oxford University Press, Oxford.

Bonabeau, E. y Theraulaz, G., editores (1994). *Intelligence Collective*. Hermès, Paris.

Buhl, J., Gautrais, J., Sole, R., Kuntz, P., Valverde, S., Deneubourg, J., y Theraulaz, G. (2004). Efficiency and robustness in ant networks of galleries. *European Physical Journal B*, 42(1):123–129.

Camazine, S., Deneubourg, J., Franks, N., Sneyd, J., Theraulaz, G., y Bonabeau, E. (2003). *Self-organization in biological systems*. Princeton University Press, Nueva Jersey.

Capra, F. (1996). *The Web of Life*. Anchor Books, Nueva York.

Cole, B. J. (1994). Nest architecture in the western harvester ant, *Pogonomyrmex occidentalis* (cresson). *Insectes Sociaux*, 41(4):401–410.

Csanyi, G. y Szendroi, B. (2004). Fractal-small-world dichotomy in real-world networks. *Physical Review E*, 70(1):016122.

Dorogovtsev, S. y Mendes, J. (2002). Evolution of networks. *Advances in Physics*, 51(4):1079–1187.

Erdős, P. y Rényi, A. (1960). On the evolution of random graphs. *Publications of the Mathematical Institute of the Hungarian Academy of Sciences.*, 5:17–61.

Farji-Brener, A. (2000). Leaf-cutting ant nests in temperate environments: mounds, mound damages and nest mortality rate in Acromyrmex lobicornis. *Studies on Neotropical Fauna and Environment*, 35(2):131–138.

Gastner, M. y Newman, M. (2006a). The spatial structure of networks. *European Physical Journal B*, 49(2):247–252.

Gastner, M. T. y Newman, M. E. J. (2006b). Shape and efficiency in spatial distribution networks. *Journal of Statistical Mechanics*, p. P01015.

Gleick, J. (1997). *Chaos: Making a new science*. Penguin Books, Nueva York.

Goodwin, B. (1994). *How the Leopard Changed Its Spots: The Evolution of Complexity*. Touchstone, Nueva York.

Gorman, S. y Kulkarni, R. (2004). Spatial small worlds: New geographic patterns for an information economy. *Environment & Planning B*, 31:273–296.

Goss, S., Aron, S., Deneubourg, J. L., y Pasteels, J. M. (1989). Self-organized shortcuts in the argentine ant. *Naturwissenschaften*, 76(12):579–581.

Jackson, D., Holcombe, M., y Ratnieks, F. (2004). Trail geometry gives polarity to ant foraging networks. *Nature*, 432(7019):907–909.

Korb, J. y Linsenmair, K. (1998). The effects of temperature on the architecture and distribution of *Macrotermes bellicosus* (Isoptera, Macrotermitinae) mounds in different habitats of a West African Guinea savanna. *Insectes Sociaux*, 45(1):51–65.

Newman, M. E. J. (2003). The structure and function of complex networks. *SIAM Review*, 45(2):167–256.

Newman, M. E. J. y Watts, D. J. (1999). Scaling and percolation in the small-world network model. *Physical Review E*, 60(6):7332–7342.

Nielsen, M., Christian, K., y Birkmose, D. (2003). Carbon dioxide concentrations in the nests of the mud-dwelling mangrove ant *Polyrhachis sokolova* Forel (Hymenoptera: Formicidae). *Australian Journal of Entomology*, 42(4):357–362.

Pennock, D., Flake, G., Lawrence, S., Glover, E., y Giles, C. (2002). Winners don't take all: Characterizing the competition for links on the web. *Proceedings of the National Academy of Sciences of the USA*, 99(8):5207–5211.

Perna, A., Jost, C., Couturier, E., Valverde, S., Douady, S., y Theraulaz, G. (2008). The structure of gallery networks in the nests of termite *Cubitermes spp.* revealed by X-ray tomography. *Naturwissenschaften*, 95(9):877–884.

Simon, H. A. (1955). A behavioral model of rational choice. *Quarterly Journal of Economics*, 69:99–118.

Simon, H. A. (1996). *The Sciences of the Artificial*. MIT Press, Cambridge (MA).

Solé, R. V. (2009). *Redes complejas. Del genoma a Internet*. Tusquets, Barcelona.

Solé, R. V. y Goodwin, B. (2000). *Signs of Life: How Complexity Pervades Biology*. Basic Books, Nueva York.

Solé, R. V. y Manrubia, S. C. (1996). *Orden y caos en sistemas complejos. Aplicaciones*. Edicions UPC SL, Barcelona.

Strogatz, S. H. (2001). Exploring complex networks. *Nature*, 410(6825):268–276.

Theraulaz, G. y Spitz, F. (1997). *Auto-organisation et comportement*. Hermès, París.

Watts, D. J. y Strogatz, S. H. (1998). Collective dynamics of 'small-world' networks. *Nature*, 393(6684):440–442.

Contactos

DG: Laboratorio de Evolución y Ecología Teórica. Instituto de Zoología y Ecología Tropical, Universidad Central de Venezuela. Caracas, Venezuela.
diego.griffon@ciens.ucv.ve

KJ: Laboratorio de Evolución. Universidad Simón Bolívar. Caracas, Venezuela.
kjaffe@usb.ve

CA: Laboratorio de Neurociencias y Comportamiento. Departamento de Biología, Facultad Experimental de Ciencias y Tecnología, Universidad de Carabobo. Bárbula, Venezuela.
candara@uc.edu.ve

Modelos y simulaciones biológicas: ecología y evolución
Harold P. de Vladar y Roberto Cipriani. (eds.) 2015
Impreso por Createspace. ISBN-13: 978-1516867561 / ISBN-10: 1516867564
https://goo.gl/kVfvnu

Efecto de la distribución espacial y la transmisión horizontal de la información sobre la sustentabilidad de la cooperación: Un modelo basado en agentes

Ivette C. Martínez   *Klaus Jaffe*

> *Lo más incomprensible del universo es que sea comprensible.*
>
> *Albert Einstein*

Introducción

Con el fin de estudiar la evolución de la cooperación entre animales y entre humanos, antropólogos, biólogos evolutivos, científicos en computación y físicos han unido esfuerzos (Hammerstein, 2003). Sin embargo, diferentes premisas, propias del sujeto de estudio y de los métodos propios de cada disciplina, subyacen en estos esfuerzos. La principal diferencia entre ellos es la suposición de que el comportamiento social entre los animales surgió a partir de la evolución biológica (EB); mientras que la evolución de la cooperación entre los seres humanos es impulsada por evolución cultural (EC). Investigaciones mas recientes muestran que la cooperación humana parece estar modelada tanto por fuerzas biológicas como por fuerzas culturales (Kurzban y Houser, 2005; Henrich y Henrich, 2006). Sin embargo, pocos artículos han comparado de forma explícita los efectos de ambos tipos de cooperación sobre la evolución de la cooperación (Boyd y Richerson, 2005; Acerbi y Parisi, 2006).

El uso de teorías de la evolución biológica ha proporcionado un terreno fértil para estudiar las dinámicas de los procesos gobernados por la evolución cultural, tales como la cooperación humana (Hammerstein, 2003). Existen importantes diferencias entre las dinámicas de la evolución cultural (Ehrlich y Levin, 2005; Richardson et al., 2004) y de la evolución biológica (Nowak y Sigmund, 2004). Una de las características mas importantes en la diferenciación entre los sistemas impulsados por la evolución biológica (EB) y la evolución cultural (EC) es la dirección de la transmisión de la información. La transmisión de la información en la EB es vertical (hereditaria) y en la EC puede ser horizontal (entre individuos de la misma generación), oblicua (de individuos de una generación a individuos no relacionados de la próxima generación) y horizontal (de padres a hijos) (Cavalli-Sforza y Feldman, 1981).

Abordando esta diferencias entre la EB y la EC, el trabajo de Jaffe y Cipriani (2006) muestra que la dirección de la transmisión de la información afecta tanto el patrón como la velocidad de transmisión de información, y es suficiente para explicar importantes diferencias en las dinámica de ambos tipos de evolución. Jaffe y Cipriani (2006) usan el modelo introducido en Cipriani y Jaffe (2005) para comparar la evolución de la cooperación en tres escenarios: (1) transmisión vertical de la información (como una analogía de la evolución genética, (2) transmisión horizontal de la información (simulada a través de la difusión de la opinión de la mayoría, y como una analogía de las dinámicas de opinión y del aprendizaje social), y (3) transmisión tanto horizontal como vertical de la información (como una analogía de la evolución cultural). En (Cipriani y Jaffe, 2005) se presenta un modelo espacial de una dimensión para estudiar las diferencias entre las dinámicas de la cooperación en individuos gregarios que son sujetos a una presión selectiva bajo diferentes formas de transmisión de la información.

El estudio de los efectos de la distribución espacial sobre la cooperación fue introducida por Nowak y May (1992). Ellos mostraron como la cooperación puede emerger en una población de estrategias sin memoria cuando las relaciones entre los individuos conforman una estructura espacial. Tras el trabajo de Nowak y May la cooperación entre individuos que ocupan posiciones espaciales en retículas o redes, y que interactúan según estas posiciones, ha sido estudiada para el Dilema del Prisionero por varios autores (Killingback et al., 1999; Hauert, 2001; Doebeli y Hauert, 2005; Hauert, 2006; Ohtsuki et al., 2006; Santos y Pacheco, 2006; Santos et al., 2006; Fu et al., 2007; Roca et al., 2009). Estos autores muestran que, bajo ciertas condiciones, las poblaciones estructuradas ayudan a la evolución y sustentación de la evolución.

Si bien en Roca et al. (2009) se plantea que adicionalmente a la estructura espacial es importante considerar la regla de actualización de las estrategias empleadas [1]. Es de notar que en la mayoría de estos trabajos no se considera el efecto de la transmisión de la información en conjunto con la distribución espacial para el estudio de la cooperación.

En este trabajo exploramos el efecto conjunto de la distribución espacial junto con la intensidad de la transmisión horizontal de la información sobre la dinámica de la cooperación. Con este fin, tomando como base el modelo propuesto por Cipriani y Jaffe (2005) fundamentado en el concepto de la "manada egoísta" (Hamilton, 1971) [2] y que asume que las dinámicas culturales y biológicas son impulsadas por la selección natural de los fenotipos; construimos un modelo basado en agentes (Axtell y Epstein, 1994) que permite incorporar de forma natural cualquier estructura espacial. Dentro de dichas estructuras espaciales podemos hacer que los individuos interactúen consiguiendo establecer relaciones cooperativas.

[1] Las diferentes reglas de actualización estudiadas en (Roca et al., 2009) son análogas a la idea de la diferentes tasas de transmisión horizontal de información del presente trabajo.

[2] La teoría de la manada egoísta establece que el comportamiento egoísta de usar a otros individuos para protegerse de los depredadores puede conducir a la formación de grupos. Al pertenecer a un grupo un individuo reduce su oportunidad de ser capturado por un depredador. Este beneficio contra los depredadores que proporciona el comportamiento gregario beneficia tanto al individuo como al grupo.

Algoritmo 1 Ciclo principal de la simulación

1: *crearMundo*(*tamanho*)

2: *poblarMundo*()

3: **para** $t = 0$ to *numeroIteraciones* **hacer**

4:    **para** cada *agente* **hacer**

5:       *pasoAgente*()

6:    **fin para**

7:    *recogerAgentesMuertos*()

8:    *repoblarMundo*()

9: **fin para**

El Modelo

Hemos construido un modelo basado en agentes para el estudio de la sustentación de la cooperación basado en el concepto de la "manada egoísta" (Hamilton, 1971). Nuestro modelo simula una población de individuos que interactúan con diferentes roles sociales (cooperadores y no-cooperadores) bajo diferentes tasas de transmisión horizontal de información en ambientes con diferentes estructuras espaciales. Este modelo fue propuesto inicialmente por Cipriani y Jaffe (2005) usando un autómata celular de una dimensión. En nuestra formulación, siguiendo las ideas de (Cipriani y Jaffe, 2005), el concepto de la "manada egoísta" se traduce en la importancia de la pertenencia a un grupo; ya que la pertenencia a un grupo proporciona protección contra la depredación.

Las estructuras espaciales, que representan relaciones espaciales o de contacto entre individuos, son representadas usando grafos no dirigidos. La estructura de los grafos permanecen fijas a lo largo de la ejecución de cada simulación. Los vértices de estos grafos pueden estar ocupados por individuos de cualquier tipo (cooperadores y no-cooperadores) o pueden estar vacíos. Los vecinos de un individuo en el grafo conforman el grupo de este individuo.

El Algoritmo 1 muestra el ciclo principal de la simulación, que

---

Algoritmo 2 pasoAgente()

1:   $lVecinos \leftarrow obtVecinos()$
2:   $nVecsCoops \leftarrow contarCooperadores(lVecinos)$
3:   **si** $TransmisionCultural = TRUE$ **entonces**
4:     $reglaDeLaMayoria()$
5:   **fin si**
6:   $muerto \leftarrow depredar(nVecsCoops)$
7:   **si no** $muerto$ **entonces**
8:     $mortalidadNatural()$
9:   **fin si**

---

describiremos a continuación. Inicialmente, en la función *crearMundo(tamanho)*, se crea un grafo vacío y con una estructura fija del tamaño indicado por el parámetro. Luego, en la función *poblarMundo()* se crean los agentes, asignando aleatoriamente a cada vértice un agente (cooperador o no cooperador) de acuerdo a las proporciones iniciales deseadas de cada tipo de individuo. Seguidamente, se procederá a iterar sobre el "tiempo" (t). En cada t se procede a que cada uno de los agentes ejecute el método *pasoAgente()*, que se describe en el Algoritmo 2. En este método se implementan las principales actividades de los agentes: La transmisión horizontal de la información (en la forma de imitación) y el sometimiento a presiones selectivas (en la forma de depredación). En los próximos párrafos detallaremos esta función. Para finalizar cada iteración el procedimiento *recogerAgentesMuertos()* se encarga de remover los agentes muertos del mundo y el método *repoblarMundo()* se encarga de rellenar los espacios vacíos del mundo (vértices del grafo), usando las proporciones iniciales de cada tipo de individuo.

Ahora, describiremos el Algoritmo 2 con mayor detalle. La función *obtVecinos()* obtiene los vecinos directos del agente en el grafo, luego contamos cuántos de esos vecinos son cooperadores. La

---

Algoritmo 3 reglaDeLaMayoria()

1: $r \Leftarrow generarAleatorioUniforme(0,1)$

2: **si** $tipo(agente) = COOPERADOR$ **entonces**

3:　　$nVecDif \Leftarrow nVecsNoCoop$

4:　　**si** $nVecDif > nVecs/2$ **y** $r \leq tasaTC$ **entonces**

5:　　　$cambiarTipo(agente, NO\_COOPERADOR)$

6:　　**fin si**

7: **fin si**

8: **si** $tipo(agente) = NO\_COOPERADOR$ **entonces**

9:　　$nVecDif \Leftarrow nVecsCoop$

10:　　**si** $nVecDif > nVecs/2$ **y** $r \leq tasaTC$ **entonces**

11:　　　$cambiarTipo(agente, COOPERADOR)$

12:　　**fin si**

13: **fin si**

---

regla de la mayoría, Algoritmo 3, se implementa para simular la transmisión horizontal de la información (H). Se asume que los individuos tienen una probabilidad pT de imitar el comportamiento de sus vecinos. La regla de la mayoría usada en nuestro modelo utiliza el concepto de mayoría simple. Si estrictamente más de la mitad de los vecinos de un agente son de un tipo diferente, este agente cambia su comportamiento (cooperar o no) con probabilidad pT.

En cuanto a la depredación, cuando un agente cooperador forma parte de un grupo de cooperadores (dos o más de sus vecinos son cooperadores) recibe protección en contra de la depredación, i.e., su probabilidad de depredación es cambiada a pCo, mientras que las probabilidades de depredación para agentes cooperadores aislados ($pCo0n$) y no-cooperadores ($pNCo$) son mayores. Esta diferencia entre las tasas de depredación para individuos aislados o no-cooperadores, y la tasa de depredación de los cooperadores que forman parte de un grupo de cooperadores es lo que nos permite modelar el beneficio de la cooperación. A esta diferencia la denominaremos "diferencial de adaptación".

En el método *depredar(nVecsCoops)* se actualiza, de acuerdo con sus vecinos actuales, la tasa de depredación del agente para luego aleatoriamente y en base a esa tasa determinar si el agente muere por depredación.

Finalmente; si el agente sigue vivo chequeamos, también de forma aleatoria, si no debe morir por causas naturales. Este chequeo se realiza para todos los tipos agentes pero la *tasaDeMortalidadMarginal* puede ser diferente entre cooperadores y no-cooperadores. Esta diferencia permite establecer el "costo de la cooperación", haciendo que la *tasaDeMortalidadMarginal* de los no-cooperadores sea cero y asignándole a los cooperadores la *tasaDeMortalidadMarginal* correspondiente al costo de la cooperación deseado.

Experimentos

La implementación del modelo propuesto fue realizada en C++. Esta implementación permite al construcción de ambientes estructurados para las poblaciones, en la forma de retículas toroidales de una y dos dimensiones y tres clases de redes complejas. Las simulaciones fueron realizadas sobre poblaciones de 10^4 individuos durante 100 iteraciones. El número de iteraciones de determinó experimentalmente, ya que en a lo sumo 100 iteraciones las proporciones de cada tipo de individuos en las poblaciones habían convergido.

En cada simulación la población inicial fue, en promedio, de 50% cooperadores y 50% no-cooperadores. Para no-cooperadores y cooperadores aislados las tasas de depredación fueron $pNCo = 0,8$ y $pCo0n = 0,8$; mientras que la tasa de depredación para cooperadores en grupo fue $pCo = 0,2$. La tasa de mortalidad marginal es usada para modelar el costo de la cooperación, haciendo que sea diferente la de los cooperadores a la de los no-cooperadores. Se estableció en 0 para los no-cooperadores, y varía entre 0 y 1 (dentro de cada serie en los experimentos) para los cooperadores. En todas las simulaciones el "diferencial de adaptación", fue de 0.6. Recordemos que es este diferencial de adaptación lo que permite modelar el beneficio de la pertenencia a un grupo de cooperadores.

Para cada una de las estructuras espaciales estudiadas (retículas de unidimensionales, retículas bi-dimensionales, Grafos Aleatorios (Erdős y Rényi, 1959), Redes de Pequeño Mundo (Watts y Strogatz, 1998) y Redes Libre de Escala (Barabási y Albert, 1999)) hemos considerado tres escenarios de transmisión horizontal de la información ($T \in \{0, 0,5, 1\}$).

Nuestros experimentos consistieron en 3 series de simulaciones, una para cada valor de la tasa de transmisión de la información (pT), para cada estructura espacial. Cada serie, de 21 simulaciones, consiste en la variación del costo de la cooperación (tasa de mortalidad de los cooperadores), sobre cada uno de los tres escenarios de transmisión horizontal de la información. Cada simulación se ejecutó 20 veces para obtener el promedio de los datos.

Con el fin de hacer una comparación "justa" entre las diferentes redes y la retícula bi-dimensional (usando la vecindad de von Neumann) se seleccionaron los parámetros de cada red para que su grado promedio fuese 4. Las redes complejas poseen un conjunto de propiedades estadísticas que permiten explicar, en parte, sus comportamientos. Aún cuando nuevas propiedades significativas siguen siendo desarrolladas, las más relevantes y por lo tanto estudiadas son: la longitud del camino geodésico promedio, el coeficiente de agrupación, la distribución de grados, los patrones de mezcla, la correlación de grados y la estructura de comunidad (Newman, 2003).

En Tabla 1 muestra los parámetros en base a los cuáles se construyeron las redes estudiadas y presentan los valores para las siguientes propiedades estadísticas de las redes estudiadas: el grado

Grafo	Parámetros	$\langle k \rangle$	l	C
Grid 1D	G(10000)	2	2499	1
Grid 2D	G(10000)	4	50	1
Grafo Aleatorio	G(10000,0.004)	3,99	6,64	0,0004
Grafo de Pequeño Mundo	G(10000,2,0.01)	4	37,4466	0,4869
Red Libre de Escala	G(10000, 4)	4	4,1482	0,001

Tabla 1: Parámetros de construcción y valores de las propiedades características de las retículas y las redes. Propiedades: El grado promedio ($\langle k \rangle$), la longitud promedio de caminos (l) y, el coeficiente de agrupación (C)

Parámetro	Valor	Descripción
pNCo	0.8	Tasa de depredación para no-cooperadores
pCo	0.2	Tasa de depredación para cooperadores en grupo
pCo0n	0.2	Tasa de depredación para cooperadores aislados
cc	Variable	Costo de la cooperación: diferencia entre las tasas de mortalidad natural de cooperadores y no cooperadores
T	Variable	Tasa de transmisión horizontal de la información

Tabla 2: Resumen de los parámetros del modelo usados en los experimentos

promedio, la longitud promedio de caminos y, el coeficiente de agrupación. Estos valores fueron calculados usando las ecuaciones correspondientes a cada métrica expuestas en Newman (2003). Con el fin de facilitar la lectura de los resultados, el Tabla 2 muestra un resumen de los parámetros propios del modelo usados en los experimentos.

Resultados

Los resultados de nuestros experimentos se muestran en las Figuras 1 - 5. Cada figura presenta, para cada una de las estructuras espaciales estudiadas, la proporción de cooperadores al final de una simulación para varios costos de cooperación bajo cada uno de los escenarios en estudio.

Puede observarse que en todas las estructuras espaciales y en todos los escenarios la proporción de cooperadores decrece monotónicamente a medida que el costo de la cooperación (cc) se incrementa. También puede notarse que para $T = 0$ los cooperadores conforman la mayoría de la población para los costos de cooperación

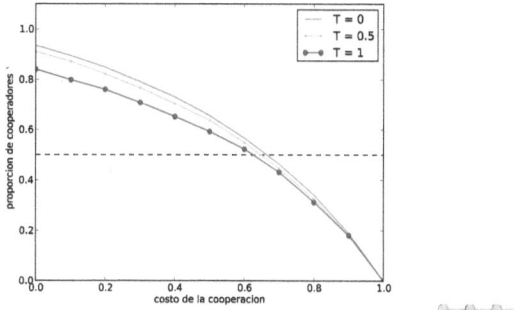

Figura 1: Retícula unidimensional. Proporción de cooperadores al final de las simulaciones para diferentes costos de la cooperación (eje x) para diferentes tasas de transmisión horizontal de la información (T). Debajo de la figura presentamos una representación gráfica de la estructura espacial subyacente.

que están por debajo de "diferencial de adaptación" (0,6).

Tanto en las retículas de una dimensión (Figura 1) como en la de dos dimensiones (Figura 2) hay poca diferencia en la proporción de cooperadores entre las tasas de transmisión horizontal de la información (T) estudiadas. Puede observarse que para cada valor del costo de cooperación (menos cuando es uno) la fracción de cooperadores en el Grid 2D es mayor que en el Grid 1D.

En los Grafos Aleatorios (Figura 3) las curvas para $T = 0$ y $T = 0,5$ se separan de la curva $T = 1$. Estando las proporciones de cooperadores en $T = 1$ por debajo de las de $T = 0,5$, y estas por debajo de las de $T = 0$. Esta relación de orden entre las curvas es la misma que se observa en las retículas 1D, las Redes de Pequeño Mundo y las Redes Libres de Escala. Para $T = 0,5$ los cooperadores son la mayoría de la población hasta que el costo de la cooperación es $cc = 0,5$, mientras que para $T = 1$ esta mayoría solo se mantiene hasta $cc = 0,1$

Para Grafos de Pequeño Mundo (Figura 4) se mantiene la

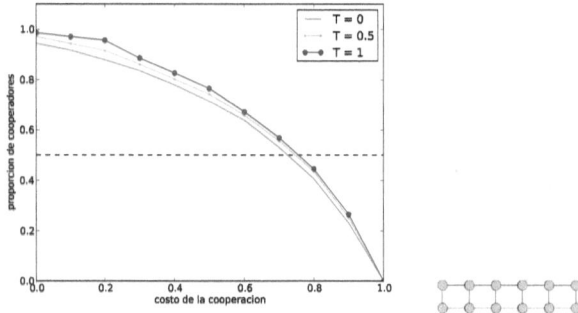

Figura 2: Retícula bi-dimensional. Proporción de cooperadores al final de las simulaciones para diferentes costos de la cooperación (eje x) para diferentes tasas de transmisión horizontal de la información (T). Debajo de la figura presentamos una representación gráfica de la estructura espacial subyacente.

relación de orden entre las curvas. Para $T = 0,5$ los cooperadores son la mayoría de la población hasta que el costo de la cooperación es $cc = 0,5$, mientras que para $T = 1$ esta mayoría solo se mantiene hasta $cc = 0,2$. La diferencia entre las curvas de las tasas de transmisión horizontal es menor en los grafos de pequeño mundo que em los grafos aleatorios.

Las curvas en las Redes Libres de Escala también mantienen la misma relación de orden entre las curvas ($T = 0 >= T = 0,5 >= T = 1$), pero con con una menor diferencia entre las proporciones finales de cooperadores para cada costo entre las tasas de transmisión horizontal estudiadas. Para $T = 0,5$ los cooperadores también son la mayoría de la población hasta que el costo de la cooperación es $cc = 0,5$, en tanto que para $T = 1$ esta mayoría se mantiene hasta $cc = 0,4$. Las Redes Libres de Escala son, entre las estructuras estudiadas, las que presentan una menor diferencia en las proporciones de cooperadores ante la variación en las tasas de transmisión horizontal de la información. Es interesante

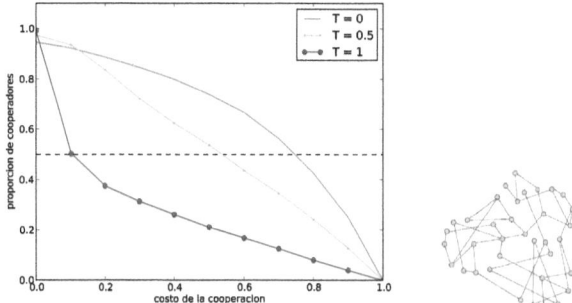

Figura 3: Grafo Aleatorio; modelo Erdős-Renyi (G(10000, 0.0004)). Proporción de cooperadores al final de las simulaciones para diferentes costos de la cooperación (eje *x*) para diferentes tasas de transmisión horizontal de la información (*T*). Debajo de la figura presentamos una representación gráfica de la estructura espacial subyacente. Parámetros: *tamanno* = 10000, *probabilidad_de_arco* = 0,0002.

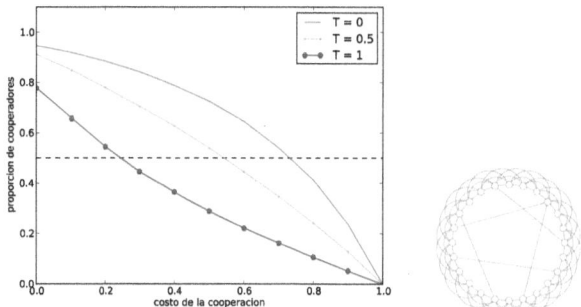

Figura 4: Grafo de Pequeño Mundo; modelo Newman-Watts (G(10000, 2, 0.01)). Proporción de cooperadores al final de las simulaciones para diferentes costos de la cooperación (eje *x*) para diferentes tasas de transmisión horizontal de la información (*T*). El en lado izquierdo de cada sub-figura presentamos una representación gráfica de la estructura espacial subyacente. Parámetros: *tamanno* = 10000, *conexiones_por_direccion* = 2, *probabilidad_reconexion* = 0,01.

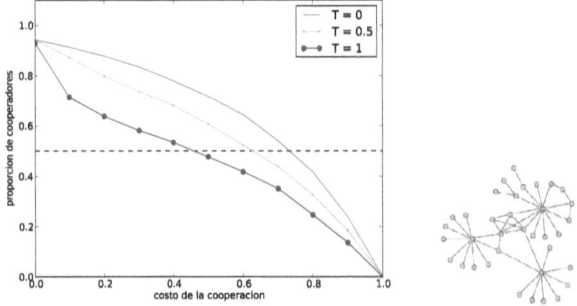

Figura 5: Red libre de escala; modelo de Barabasi-Albert (G(10000,2)). Proporción de cooperadores al final de las simulaciones para diferentes costos de la cooperación (eje x) para diferentes tasas de transmisión horizontal de la información (T). El en lado izquierdo de cada sub-figura presentamos una representación gráfica de la estructura espacial subyacente. Parameters:$tamanno = 10000$, $m = 2$.

notar que cuando $T = 0$ no hay diferencias entre las curvas de la todas las estructuras espaciales estudiadas.

Discusión

Los resultados obtenidos comprueban nuestra hipótesis inicial: las distintas estructuras espaciales afectan de forma diferente el modo en el que la transmisión horizontal de la información afecta la sustentación de la cooperación.

Llama la atención que la transmisión horizontal de la información tiene un efecto negativo sobre la cantidad de cooperadores que sobreviven a las dinámicas evolutivas. Este resultado se debe al hecho de que en nuestra simulación de que la estrategia cooperativa es más susceptible a la invasión de la estrategia opuesta. Una mayor comunicación, o transmisión horizontal de información, favorece a los no-cooperadores; permitiéndoles invadir a los grupos de cooperadores. Las topologías de las redes modifican la susceptibilidad de los grupos de cooperadores al flujo de información y a estas invasiones.

El mayor efecto de la transmisión horizontal de la información sobre la dinámica de sustentación de la cooperación se observó sobre los Grafos Aleatorios. En las Redes de Pequeño Mundo la cooperación es menos susceptible a la transmisión que en los Grafos Aleatorios. Las Redes Libres de Escala son el modelo de red compleja que, bajo las condiciones de este estudio, hace que la cooperación sea menos susceptible a la transmisión horizontal de la información. Este último adquiere un mayor significado ya que las Redes Libres de Escala constituyen en modelo que mas se asemeja al comportamiento de mas cercano a muchas redes reales.

Por otro lado, en las redes con una estructura mas rígidas, como las retículas de una y dos dimensiones, la sustentación de la cooperación es menos susceptible al efecto de la transmisión horizontal de la información.

Ninguna de las métricas estudiadas (la longitud del camino promedio y el Coeficiente de Agrupación) permiten explicar las diferencias en el como la sustentación de la cooperación se ve afectada por la transmisión horizontal de la información; por lo resta ahondar en las propiedades de las Redes Complejas con el fin explicar este comportamiento.

Para ampliar la exploración iniciada en este trabajo nos proponemos comparar como es el efecto de las diferentes estructuras espaciales sobre la transmisión vertical de la información para la evolución de cooperación. Así mismo, profundizar nuestra compresión del efecto de cada estructura espacial, explorando el efecto de las variaciones en los parámentros de cada modelo de red.

Referencias

Acerbi, A. y Parisi, D. (2006). Cultural transmission between and within generations. *Journal of Artificial Societies and Social Simulation*, 9(1):9.

Axtell, R. L. y Epstein, J. M. (1994). Agent Based Modeling: Understanding Our Creations. *The Bulletin of the Santa Fe Institute*, pp. 28–32.

Barabási, A.-L. y Albert, R. (1999). Emergence of scaling in random networks. *Science*, 286:509–512.

Boyd, R. y Richerson, P. (2005). Solving the puzzle of human cooperation. En Levison, S., editor, *Evolution and Culture*, pp. 105–132. MIT Press, Cambridge, MA.

Cavalli-Sforza, L. y Feldman, M. W. (1981). *Cultural Transmission and Evolution*. Princeton University Press, Princeton.

Cipriani, R. y Jaffe, K. (2005). On the dynamics of grouping. En *Proceedings of the Fifth IASTED International Conference on Modelling, Simulation and Optimization*, pp. 56–60. Acta Press.

Doebeli, M. y Hauert, C. (2005). Models of cooperation based on the prisoner's dilemma and the snowdrift game. *Ecology Letters*, 8(7):748–766.

Ehrlich, P. y Levin, S. (2005). The evolution of norms. *PLoS Biology*, 3(6):e194.

Erdős, P. y Rényi, A. (1959). On random graphs. *Publicationes Mathematicae*, 6:290–297.

Fu, F., Liu, L., y Wang, L. (2007). Evolutionary prisoner's dilemma on heterogeneous newman-watts small-world network. *The European Physical Journal B*, 56:367.

Hamilton, W. (1971). Geometry for the selfish herd. *Journal of Theoretical Biology*, 31:295–311.

Hammerstein, P., editor (2003). *Genetic and cultural evolution of cooperation*. Dahlem Workshops Reports. MIT Press, Cambridge, MA.

Hauert, C. (2001). Fundamental clusters in spatial 2x2 games. *Procedings of The Royal Society of London B*, 268:761–769.

Hauert, C. (2006). Spatial effects in social dilemmas. *Journal of Theoretical Biology*, 240(4):627–636.

Henrich, J. y Henrich, N. (2006). Culture, evolution and the puzzle of human cooperation. *Cognitive Systems Research*, 7(2-3):220–245.

Jaffe, K. y Cipriani, R. (2006). Culture outsmarts nature in the evolution of cooperation. *Journal of Artificial Societies and Social Simulation*, 10(1).

Killingback, T., Doebeli, M., y Knowlton, N. (1999). Variable investment, the continous prisoner's dilemma, and the origin of cooperation. *Procedings of The Royal Society of London B*, 266(1430):1723–1728.

Kurzban, R. y Houser, D. (2005). Experiments investigating cooperative types in humans: A complement to evolutionary theory and simulations. *Proceedings of the National Academy of Sciences of the USA*, 102:1803–1807.

Newman, M. E. J. (2003). The structure and function of complex networks. *SIAM Review*, 45(2):167–256.

Nowak, M. y Sigmund, K. (2004). Evolutionary dynamics of biological games. *Science*, 303:793–799.

Nowak, M. A. y May, R. M. (1992). Evolutionary games and spatial chaos. *Nature*, 359:826–829.

Ohtsuki, H., Hauert, C., Lieberman, E., y Nowak, M. A. (2006). A simple rule for the evolution of cooperation on graphs and social networks. *Nature*, 441:502–505.

Richardson, P., Strassmann, J., y Hughes, C. (2004). *Not by Genes Alone: How Culture Transformed Human Evolution*. Chicago University Press, Chicago.

Roca, C. P., Cuesta, J. A., y Sánchez, A. (2009). Effect of spatial structure on the evolution of cooperation. *Physical Review E*, 80(4):046106.

Santos, F. C. y Pacheco, J. M. (2006). A new route to the evolution of cooperation. *Journal of Evolutionary Biology*, 19:726–733.

Santos, F. C., Rodrigues, J. F., y Pacheco, J. M. (2006). Graph topology plays a determinant role in the evolution of cooperation. *Proceedings of the Royal Society B*, 273(1582):51–55.

Watts, D. y Strogatz, S. (1998). Collective dynamics of 'small-world' networks. *Nature*, 393:440–442.

Contactos

ICM: Grupo de Inteligencia Artificial. Universidad Simón Bolívar. Caracas, Venezuela.
martinez@usb.ve

KJ: Laboratorio de Evolución. Universidad Simón Bolívar. Caracas, Venezuela.
kjaffe@usb.ve

Modelos y simulaciones biológicas: ecología y evolución
Harold P. de Vladar y Roberto Cipriani. (eds.) 2015
Impreso por Createspace. ISBN-13: 978-1516867561 / ISBN-10: 1516867564
https://goo.gl/kVfvnu

Evolución de múltiples rasgos aditivos: Selección, mutación, y deriva genética

Harold P. de Vladar

La aparente falta de reproducibilidad de los resultados radica en la naturaleza misma del problema ... y es un elemento esencial para su análisis.

S.E. Luria & M. Delbrück (1943)

Problemas centrales y retos en la teoría de genética cuantitativa

¿Cuáles factores mantienen la variabilidad genética? ¿Será el balance entre selección y mutación? ¿Serán mutaciones neutrales? ¿Tal vez pleiotropía? ¿Cuál es el papel de la deriva genética en el sustentamiento de esta variabilidad? Estas son preguntas clásicas en la genética de poblaciones (GP) y en la genética cuantitativa (GC). Estas dos disciplinas estudian la evolución de rasgos cuantitativos, los cuales están conformados por muchos locus ligados (es decir de segregación no mendeliana), considerando respectivamente las frecuencias fenotípicas, o genéticas (tanto de alelos o de genotipos) junto con los factores de desequilibrio de ligamiento.

Idealmente, quisiéramos poder predecir la evolución de rasgos en una población sin recurrir al monitoreo los estados genéticos. Los ensayos de selección artificial han indicado que la respuesta (R) a la selección (S) es predicha por la ecuación del criador, $R = h^2 S$, al menos por unas cuantas generaciones. Tan solo ocasional y recientemente es que se ha monitoreado las frecuencias alélicas en poblaciones con el fin de mejorar la productividad en especies de interés agropecuario, empleando como predictores rasgos fenotípicos mensurables, sus promedios, varianzas, y heredabilidades h^2.

Si algunos genes afectan a varios rasgos a la vez, podríamos observar una reducción en la varianza genética de un rasgo que no está bajo selección. También podríamos confrontar la situación en que dos rasgos (o más) están bajo selección (Lande, 1979). Pero si los rasgos tienen una base genética común, optimizar un rasgo podría implicar empeorar otro. Esto, en suma, conllevaría a una disminución del *fitness*. Por tanto valores intermedios de frecuencias alélicas resultarían en mayor *fitness*, y mantendrían variabilidad genética debido a estos efectos pleiotrópicos (Barton, 1990).

Este trabajo se enfoca en este tipo de extensiones para múltiples rasgos cuantitativos bajo selección direccional, mutación y deriva genética. Una medida cuantitativa de la cantidad de pleitropismo entre dos rasgos está dada por la matriz de covarianzas genéticas, $\mathscr{G}$, la cuál extiende el poder predictivo de la ecuación del criador para varios rasgos a través de las generaciones. Para rasgos que evolucionan de manera independiente, esta matriz resulta diagonal (y consiste sólo de las varianzas genéticas). Por tanto, muchos esfuerzos teóricos y empíricos se han enfocado en medir $\mathscr{G}$ en poblaciones naturales y cautivas (Steppan et al., 2002; Ovaskainen et al., 2008).

Pero para entender cómo estos factores interactúan para dar un cambio neto en la varianza genética, es necesario considerar los detalles de cómo los locus afectan a un rasgo en el momento en que la selección actúa (Turelli, 1988; Barton y Turelli, 1989, 1987). Los modelos matemáticos ayudan a entender y predecir la dinámica evolutiva. Si entendemos los mecanismos que mantienen o inducen polimorfismos genéticos, podemos también predecir y entender la evolución de rasgos cuantitativos (Barton y Turelli, 1987; Lynch y Walsh, 1998). Sin embargo, la distribución de los rasgos resultantes después de que la selección ha actuado, dependen de la variabilidad genética disponible al momento de la selección. Desafortunadamente, el cambio de la variabilidad genética después de la selección, no puede ser predicha de manera sencilla a partir de medidas cuantitativas, ya que ésta depende de las frecuencias alélicas, las cuales son difíciles y costosas de monitorear.

Varias aproximaciones teóricas se han propuesto para lidear con éste problema. En una de éstas se incluyeron los efectos conjuntos de selección direccional (Barton y de Vladar, 2009) o estabilizadora (de Vladar y Barton, 2010) sobre un rasgo. Sin embargo, puesto que la dinámica bajo deriva genética es inherentemente aleatoria, estos trabajos consideraron la evolución de las esperanza de un rasgo promedio, de su varianza genética y otras cantidades estadísticas. Estas esperanzas, que fungen como variable substitutas de la distribución de rasgos en la población, evolucionan de manera determinística, y pueden verse como promedios sobre distintas posibles realizaciones del proceso evolutivo.

En este capítulo, concentraré los esfuerzos en extender tal método para rasgos multivariados bajo selección direccional. Puesto que la derivación es una extensión del trabajo de Barton y de Vladar (2009), solo daré una bosquejo de los pasos importantes en la formulación del modelo. Luego, con los resultados abordaré preguntas tales como: ¿Cuánta variabilidad puede ser mantenida por pleitropismo? ¿Cómo afecta la deriva genética la matriz $\mathcal{G}$? ¿Permanece $\mathcal{G}$ constante? Finalmente, trataré de integrar estos resultados en el entendimiento actual del mantenimiento de la variabilidad en poblaciones naturales.

El modelo evolutivo

Rasgos aditivos, arquitectura genética y frecuencias alélicas. Conviene comenzar definiendo cómo los rasgos son afectados por elementos genéticos. Esto permitirá relacionar las tasas evolutivas de los rasgos con las frecuencias alélicas, y luego nos dará una manera intuitiva de incluir factores aleatorios por deriva genética.

Primero necesitamos definir una arquitectura genética (una relación genotipo-fenotipo), para la cual consideraremos rasgos aditivos. Es decir que el valor del rasgo es la suma de los efectos en cada locus. Por simplicidad, una suposición adicional que es hecha en este capítulo, es que cada locus posee solo dos alelos, lo cual ha sido bien argumentado para poblaciones finitas (Bulmer, 1971; Kimura y Crow, 1964; Kimura, 1968). Supondremos que un rasgo X está afectado por n locus dialélicos, y que cada locus contribuye de una manera aditiva sobre este. Llámando $\bar{z}_X$ a el promedio del valor métrico del rasgo X; este está determinado por las frecuencias poblaciones de los alelos p_i en cada locus:

$$\bar{z}_X = \sum_{i=1}^{n} \gamma_{iX}(2p_i - 1) \, . \tag{1}$$

γ_{iR} es el efecto del locus i sobre el rasgo X (ver Caja 1). Los alelos los podemos representar como "1" (con frecuencia p) ó "0" (con frecuencia $q = 1 - p$). Por lo tanto la medida del rasgo está restringido entre los valores $\pm\sum_{i=1}^{n} \gamma_{iX}$. Las respuesta a la selección depende de las covarianzas genéticas, las cuales son proporcionales a $2p_iq_i$ (por simplicidad de notación definí $q = 1 - p$). Por tanto, la covarianza genéticat entre dos rasgos X y Y es

$$v_{XY} = 2\sum_{i=1}^{n} \gamma_{iX}\gamma_{iY}p_iq_i \, , \tag{2}$$

y las varianzas genéticas son dadas por $v_X = v_{XX}$. Estas covarianzas son los componentes de la matriz $\mathscr{G}$.

Estos cálculos suponen que hay equilibrio de Hardy-Weinberg y equilibrio de ligamiento. En otras palabras, la población se aparea aleatoriamente, y hay recombinación libre en cada locus, aproximación que es válida cuando la tasa de recombinación es mucho mayor que la selección.

Caja 1: Símbolos matemáticos.

$\langle \ldots \rangle$ Esperanza de una variable aleatoria.

$\dot{x}, \frac{dx}{dt}$ Cambio diferencial de una cantidad x con respecto al tiempo.

$\mathbf{A}$ Vector de variables cuantitativas.

$\mathscr{B}$ matriz de covarianza de frecuencias alélicas y variables cuantitativas.

$\mathscr{G}$ matriz de covarianza entre las frecuencias alélicas y un rasgo promedio.

n Número de locus que afectan un rasgo.

N Número de individuos en una población.

$p, (p_\ell)$ Frecuencia de un alelo beneficial (en el locus ℓ).

$\vec{p}$ Vector de frecuencias de alelos beneficiales en distintos locus.

$q, (q_\ell)$ Frecuencia de un alelo detrimental (en el locus ℓ); q=1-p.

U Medida logarítmica de heterocigosidad.

$\bar{W}$ Fitness promedio de una población.

$\bar{z}, \vec{z}$ Promedio poblacional de un rasgo o de un vector de rasgos.

$\mathbb{Z}$ Función generadora de los macroscópicos (función de partición).

α Vector de fuerzas evolutivas.

β Coeficiente de selección direccional actuando sobre el promedio un rasgo.

ϕ Distribución neutral de frecuencias alélicas.

μ Tasa de mutación en cada locus.

ν Varianza genética (poblacional) de un rasgo.

ψ Distribución de frecuencias alélicas.

Caja 2: Modelo de Wright-Fisher y la ecuación de difusión.

Las frecuencias alélicas, en cada locus cambian en el tiempo según:

$$\frac{dp}{dt} = pq\frac{\partial \log(\bar{W})}{\partial p} - \mu(2p - 1) + \sqrt{V}\eta_t$$

donde η_t es un ruido blanco, $V = pq/2N$ es la varianza de las fluctuaciones, y N es el tamaño poblacional; los demás parámetros han sido descritos en el texto. Esta ecuación diferencial aleatoria es un límite continuo del llamado modelo de Wright-Fisher, y describe trayectorias aleatorias en el espacio de frecuencias alélicas. Puesto que en cada momento en el tiempo las frecuencias alélicas son variables aleatorias, podemos describir la evolución en términos probabilísticos. La ecuación de difusión nos provee con esta descripción (Crow y Kimura, 1970):

$$\frac{\partial \psi}{\partial t} = \frac{\partial}{\partial p}\left[-M\psi + \frac{1}{2}\frac{\partial(V\psi)}{\partial p}\right]$$

donde los factores determinísticos, M, incluyen la selección y la mutación: $M = pq\frac{\partial \log(\bar{W})}{\partial p} - \mu(2p - 1)$. Esta ecuación tiene una solución estacionaria general (Wright, 1931), dada por la Ecuación 3 en el texto.

Estos cálculos suponen que hay equilibrio de Hardy-Weinberg y equilibrio de ligamiento. En otras palabras, la población se aparea aleatoriamente, y hay recombinación libre en cada locus, aproximación que es válida cuando la tasa de recombinación es mucho mayor que la selección.

Distribución de los efectos promedio. Las propiedades de distribución de los efectos promedios es en sí un tema de álgida discusión (Orr, 2005). Estudios de locus de rasgos cuantitativos han demostrado que hay muchos locus de efectos pequeños, y pocos con efectos grandes (Otto y Jones, 2000; Dudley, 2007). Esto sugiere una distribución sesgada hacia la izquierda; por simplicidad, supondré que los efectos están distribuidos exponencialmente, $\Pr(\gamma) = \Gamma \exp(\gamma/\Gamma)$ (ver apéndice A).

Puesto que el rasgo es aditivo, y siempre y cuando el número de locus esté determinado, no se espera que los valores específicos sean de mayor relevancia. En particular, supondré que los efectos permanecen constantes durante el proceso evolutivo.

Respuesta a la selección, mutación y deriva genética

En poblaciones de tamaño finito, la evolución de variables cuantitativas es contingente a las variables genéticas. Por tanto, para progresar el entendimiento de la evolución de rasgos y de su varianza genética, es necesario comprender el curso en el tiempo de las frecuencias alélicas. Las evolución de éstas está determinada por la superposición de los efectos de selección, mutación y deriva (Caja 2).

Puesto que estamos considerando una población de tamaño finito, las frecuencias alélicas son variables aleatorias cuya distribución está determinada por el tamaño poblacional, por el modo de selección, y por la tasa de mutación. En equilibrio, la distribución de frecuencias alélicas converge a (ver la Caja 2, y el capítulo 9 de Crow y Kimura, 1970):

$$\psi = C\bar{W}^{2N} \prod_{i=1}^{n} [p_i q_i]^{4N\mu-1} \ , \tag{3}$$

en esta ecuación $\bar{W}$ es el *fitness* promedio en la población (de tamaño N), y en general es función de todas las frecuencias alélicas.

La evolución de un alelo bajo selección, mutación y deriva es relativamente fácil de comprender mediante el modelo de Wright-Fisher (Caja 2). Sin embargo, un modelo que considere rasgos multivariados poligénicos resulta tan general que en términos prácticos no podemos resolverlo, y por tanto no podemos predecir la dinámica evolutiva de tales rasgos (Barton y Turelli, 1987). Esto sucede por varias razones. Primero, si no conocemos la composición genética particular de una población (es decir, el número de locus, sus efectos sobre el rasgo, y sobre todo, las frecuencias alélicas), es imposible determinar cuál será la tasa de cambio del rasgo. Por ejemplo, si hay ciertos alelos cuya frecuencia es tan baja que estos no pueden ser detectados, no podríamos preceder cuándo su representación resultaría suficientemente alta. Por consiguiente, no es realista el poder predecir cambios en la varianza genética, y observaríamos patrones de cambio erráticos en los valores promedio de los rasgos. Segundo, si hay varios estados genéticos resultantes en un mismo rasgo promedio y una misma varianza genética, habrán distintas direcciones evolutivas posibles para los rasgos. Por tanto es conveniente promediar sobre estos estados, y ganar un entendimiento sobre las tendencias de la respuesta a la selección a largo plazo.

Variables macroscópicas.   Una manera de soslayar estos problemas es definiendo estadísticos suficientes de la distribución de frecuencias alélicas. Denominaré como "variables macroscópicas" a las esperanzas de los estadísticos suficientes sobre la distribución ψ, y por tanto éstas no dependen explícitamente de las frecuencias alélicas. Esta manera de plantear el problema es equivalente a la física estadística, en donde se analizan sistemas compuestos por un número enorme de variables microscópicas, pero solo tenemos acceso a medir unas cuantas variables macroscópicas que resultan ser promedios estadísticos sobre la distribución de micro-estados (Callen, 1985, cap. 16 y 17).

A continuación se reescribirá ψ (Ecuación 3) de una manera ligeramente distinta. Primeramente, considerando el producto $\prod_i [p_i q_i]$ en la Ecuación (3) en forma exponencial, definimos la siguiente variable

$$U = 2\sum_i \log[p_i q_i] \,, \tag{4}$$

que es una medida de la heterocigosidad (en escala logarítmica). Segundo, bajo selección direccional multivariada, el *fitness* promedio es $\bar{W} = \exp[\beta \cdot \bar{z}]$. Esto supone selección débil ($N\beta < 1$) .Por tanto, podemos expresar la distribución de Wright, Ecuación (3) como

$$\psi = \exp[2N\beta \cdot \bar{z} + 2N\mu U]\phi/\mathbb{Z} \,, \tag{5}$$

dónde hemos llamado $\phi = \prod_i^n (p_i q_i)^{-1}$, y a la constante de normalización se ha reescrito como $C = 1/\mathbb{Z}$. Esta ecuación es exactamente la misma que (3), pero reescrita de otra manera (recuérdese que tanto los rasgos $\bar{z}$ cómo la variable U son funciones de las frecuencias alélicas).

Hemos escrito la distribución de frecuencias alélicas en término de unos cantidades que pretendemos promediar, y calcular su dinámica. Nótese que en vez de tener que lidiar directamente con n variables microscópicas, ahora solo tenemos que considerar unas cuantas variables macroscópicas (que son estadísticos suficientes de la distribución de frecuencias alélicas): U, y los valores medios de los rasgos $\bar{z}_X$, $X = 1, 2 \ldots$. Esta es una reducción drástica de los grados de libertad del sistema.

Dinámica evolutiva. Aunque hemos sido optimistas ya que el número de variables necesarios para determinar los estados microscópicos y describir las esperanzas de los valores medios de los rasgos es manejable, las ecuaciones evolutivas requieren de más información. Esto surge en parte de la imposibilidad de determinar la distribución inicial de frecuencias alélicas. Sin embargo, supondremos que las poblaciones están inicialmente en estado estacionario. Los cambios subsecuentes en las presiones selectivas (que se introducen como cambios en el vector parámetros β) inducirán una reorganización de las frecuencias alélicas.

En líneas generales, la evolución está dictada por la ecuación de difusión (ver Caja 2). Aunque no es posible resolver esta ecuación en casos generales (incluso resoluciones numéricas fallan para muchos locus), a partir de la misma podemos calcular cuales son las tasas de cambio de los macroscópicos. De hecho, Ewens (1979) derivó la forma general de estas tasas a partir de la teoría de difusión. Esta teoría, sin embargo, no provee un criterio para decidir cuales macroscópicos son necesarios para calcular la distribución a lo largo del tiempo. El vector que queremos evolucionar es $\mathbf{A} = \{U, z_1, z_2, \ldots\}$. Por tanto, las tasas evolutivas resultan ser (Barton y de Vladar, 2009):

$$\frac{d\langle \mathbf{A} \rangle}{dt} = \frac{\mathbf{V}}{2N} + \mathscr{B} \cdot \alpha \,, \tag{6}$$

donde la esperanza del efecto de la deriva genética es $\mathbf{V}_j = \left\langle \sum_i^n \frac{\partial^2 A_j}{\partial p_i^2} \frac{p_i q_i}{2} \right\rangle$, y la selección y mutación intervienene mediante $\mathscr{B}_{jk} = \left\langle \sum_i^n \frac{\partial A_j}{\partial p_i} \frac{p_i q_i}{2} \frac{\partial A_k}{\partial p_i} \right\rangle$, y $\alpha = \{\mu, \beta_1, \beta_2, \ldots\}$. La matriz $\mathscr{B}$ es

$$\mathscr{B} = \left\langle \begin{array}{cc} H & \bar{\mathbf{z}} \\ \bar{\mathbf{z}}^T & \mathscr{G} \end{array} \right\rangle \tag{7}$$

y describe las covarianzas entre los macroscópicos y las frecuencias alélicas. Esta matriz es una extensión de $\mathscr{G}$. La covarianza genética de U es $H = 2 \sum_i^n (p_i q_i)^{-1} - 8n$. Todas estas cantidades son esperanzas que pueden ser calculadas a partir de la definición:

$$\langle A \rangle = \int A \psi \, dp_1 dp_2 \ldots dp_n \,. \tag{8}$$

En el Apéndice B se introduce una función generadora para calcular estas cantidades, y el Apéndice C provee las expresiones explícitas.

Resumiendo, se ha reformulado el problema clásico de equilibrio entre selección, mutación, y deriva en términos análogos a los de la mecánica estadística de la física. Esto nos ha dado una metodología para calcular la distribución en equilibrio cuando la selección actúa sobre rasgos poblacionales, la cual nos provee no solo con estadísticos suficientes de la distribución de frecuencias alélicas, sino que también a partir de esta es posible calcular sus esperanzas (sobre la distribución de frecuencias alélicas), y sus varianzas y covarianzas, que proveen una medida de la intensidad de las fluctuaciones por deriva genética. En la próxima sección haremos uso de estas herramientas para calcular las dinámicas evolutivas de rasgos multivariados.

Dinámicas de rasgos cuantitativos

Antes de analizar estos casos de interés, conviene realizar un primer análisis comparativo con poblaciones infinitas, de modo de comprender los efectos de la deriva genética.

En principio, la deriva reducirá la variación genética, lo cual implica que en promedio, la velocidad de la respuesta es menor en el caso de poblaciones finitas. En la Figura 1 se corrobora que este es el caso; la esperanza de la varianza genética es menor en poblaciones finitas que en poblaciones infinitas. Esto es debido a la perdida aleatoria de alelos por deriva genética. En este último caso se escogieron tamaños de la población tan bajos como $N = 10$, lo cual es extremadamente pequeño, pero útil para enfatizar el argumento.

Sorprendentemente, en este caso casi no se observa un cambio en la varianza genética a lo largo del tiempo. Esto se debe a que la selección es extremadamente débil. En otros ejemplos que se estudiarán a continuación, veremos cambios en la varianza genética, ya que se supondrá que la selección es mas fuerte que la tasa de mutaciones.

Una manera alternativa de representar gráficamente las covarianzas genéticas de la distribución de los valores de dos rasgos, es mediante una elipse cuya excentricidad y orientación son alusivas de las correlaciones genéticas (Figura 2). Estrictamente hablando, en esta representación los semi-ejes de la elipse son $1.96\sqrt{\lambda}$, donde λ son los autovalores de la matriz $\mathscr{G}$, y estos están orientados según sus autovectores correspondientes (Steppan et al., 2002).

La Figura 3 es una representación gráfica de la matriz $\mathscr{G}$ para el estado estacionario del ejemplo de la Figura 1B. Allí se corrobora que la población infinita mantiene más varianza genética, pero también que la correlaciones genéticas, en este caso, son mayores que en las esperanzas de las poblaciones finitas.

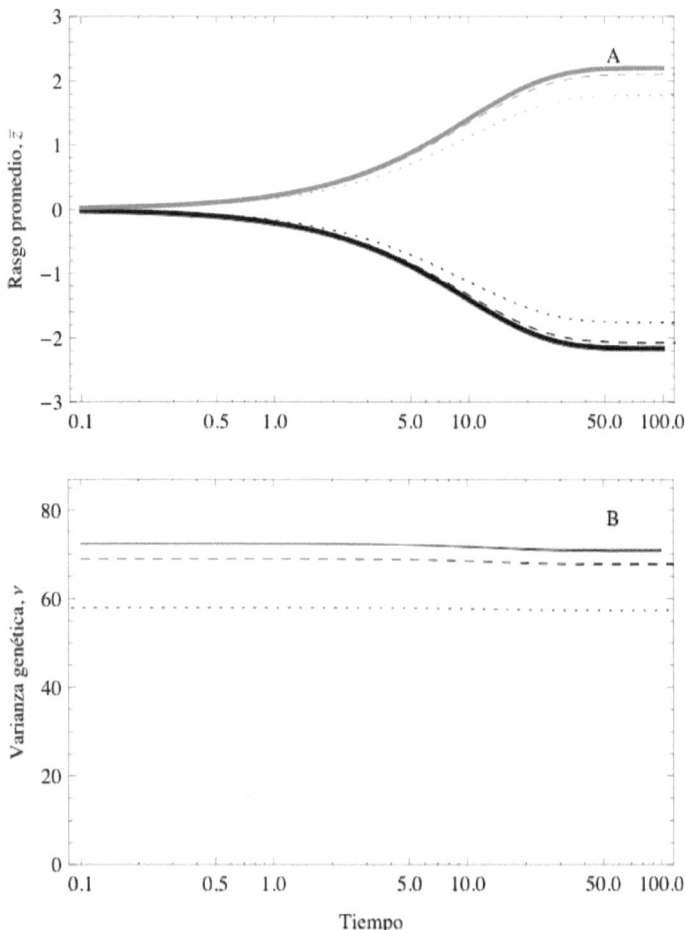

Figura 1: Respuesta de los (A) promedios y (B) varianzas genéticas de dos rasgos genéticamente correlacionados en poblaciones infinitas (líneas contínuas) y finitas (esperanza de la población) de tamaño $N = 100$ (líneas quebradas), y $N = 10$ (líneas punteadas). $\beta_1 = 10^{-2}$ (líneas grises); $\beta_2 = -10^{-2}$ (líneas negras); $\mu = 0,05$. Los rasgos están compuestos por 20 locus de efectos distribuidos según una exponencial de parámetro $\Gamma = 1/2$.

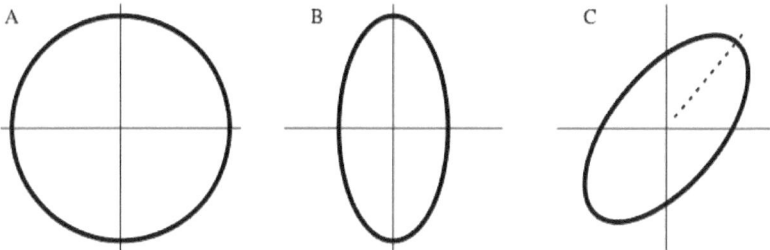

Figura 2: Representacón gráfica de la matriz de covarianzas genéticas (matriz $\mathscr{G}$). (A) Un círculo indica que la distribución de los rasgos en la población tienen exactamente la misma varianza genética. Una elipse excéntrica es indicativa de la disparidad de las varianzas; (B) cuando la elipse está alineada con los ejes, los rasgos son independientes; (C) cuando la elipse está rotada, el ángulo con los ejes es dado por la correlación entre los rasgos.

El efecto neto de un locus sobre el *fitness* es equivalente a una combinación lineal de los efectos sobre varios rasgos. Es decir, $\gamma_i^{eff} = \beta_1 \gamma_i^{(1)} + \beta_2 \gamma_i^{(2)} \ldots = \beta \cdot \gamma_i$. Por consiguiente la distribución de frecuencias alélicas tiene una forma equivalente a la selección sobre un único rasgo. No obstante, los patrones de evolución de tales rasgos resultan comprometidos (como se ejemplifica abajo). Dos casos importantes son los de la selección indirecta y la selección de estabilización aparente, los cuales serán descritos a continuación.

Selección indirecta.   Cuando la selección actúa solo sobre un rasgo focal, tenemos que $W = e^{\beta_1 z_1}$, los demás rasgos también experimentan selección de manera indirecta. Puesto que las frecuencias alélicas cambian, las medidas de los otros rasgos también se desplazan debido a las correlaciones genéticas. En el ejemplo de la Figura 4 los valores de los rasgos son similares. (Esta fue una escogencia intencional para no incurrir en efectos relacionados a las escalas de los rasgos). Esto sugiere un factor de confusión en poblaciones reales: el encontrar evidencia tanto fenotípica como genética del desplazamiento de la

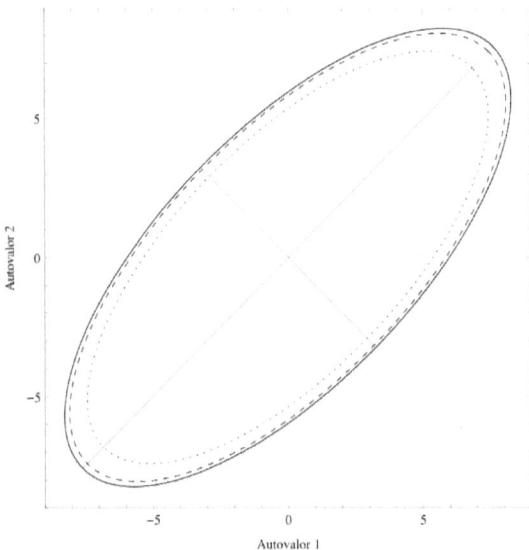

Figura 3: Comparación de matrices $\mathscr{G}$ de poblaciones infinita (línea negra), finitas $2N = 100$ (línea quebrada), y $2N = 10$ (línea punteada). Este ejemplo corresponde a las condiciones de equilibrio de la Figura 1B.

distribución de un rasgo, no es conclusivo de la acción directa de la selección natural sobre ese rasgo.

En la Figura 4 la selección actúa solamente sobre el rasgo focal, y sin embargo los promedios de los dos rasgos incrementan, y sus varianzas genéticas disminuye. De hecho, si no supiéramos cuál es el rasgo que está bajo selección, no habría manera de distinguir cuál de los dos es el rasgo focal. Para este ejemplo se ha escogido un grado de pleiotropía extremo (todos los locus contribuyen a ambos rasgos), lo cual impone una correlación genética bastante fuerte. En la práctica algunos locus afectarán un primer rasgo, algunos alelos un segundo rasgo, y algunos otros ambos rasgos (esto se estudiará más adelante en este capítulo).

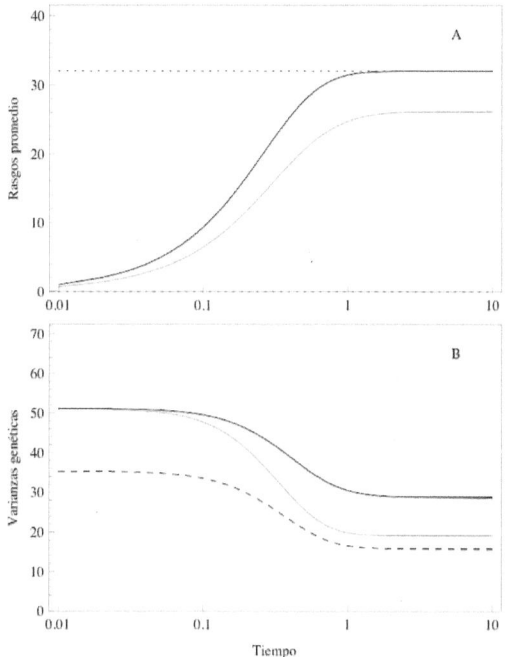

Figura 4: Respuesta de (A) dos rasgos correlacionados genéticamente y (B) sus varianzas genéticas cuando la selección actúa solo sobre uno de ellos (líneas negras, $N\beta_1 = 1$). El segundo rasgo no está sujeto directamente a selección (líneas grises, $N\beta_2 = 0$) . Inicialmente los rasgos son neutrales. $N\mu = 0{,}3$. Línea punteada en A: esperanza de los rasgos en bajo las mismas condiciones de equilibrio, pero en ausencia de pleiotropía. Línea quebrada en B: covarianza genética de los rasgos.

En el caso de la selección indirecta, la respuesta del rasgo focal no es diferente de la de un rasgo sin correlaciones genéticas, ya que la ausencia de selección sobre el segundo rasgo no compromete la respuesta del primero. Sin embargo el segundo rasgo, aunque neutral, responde debido a los efectos pleiotrópicos, aún cuando en la ausencia de estos, su esperanza debería permanecer en cero (Figura 4).

Una pregunta asociada a este fenómeno de selección indirecta es qué tanto será la reducción de la varianza genética del rasgo no focal. Si suponemos que los efectos de un rasgo son independientes de los

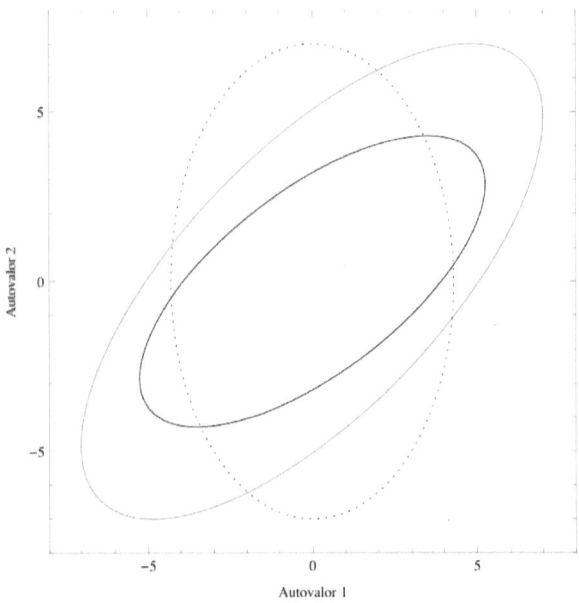

Figura 5: Matriz $\mathscr{G}$ cuando la selección actúa sobre un rasgo focal. Este ejemplo corresponde a las condiciones iniciales (línea gris), y de equilibrio (línea negra) de la Figura 4B. Poblaciones en condiciones equivalentes al estado estacionario, pero sin correlaciones genéticas, muestran una mayor varianza (línea punteada).

efectos del otro rasgo, y tomando en cuenta que la distribución de los efectos es bastante sesgada hacia alelos de efectos pequeños, podemos razonar que es improbable que un alelo en un locus dado tenga efectos grandes sobre ambos rasgos. Por tanto, en la mayoría de los casos los alelos de efectos grandes sobre el rasgo focal estarán conjugados con alelos de efectos pequeños en el otro rasgo. Por tanto, dado que la selecciónserá más fuerte en los alelos de efectos grandes, esperamos (y queda justificado) que el promedio de los valores del segundo rasgo muestre una disminución paliada (Figura 5).

Como es de esperarse, el porcentaje preciso de la disminución de la varianza genética depende de detalles tales como el número de genes que constituyen los rasgos, sus efectos, la intensidad de la selección

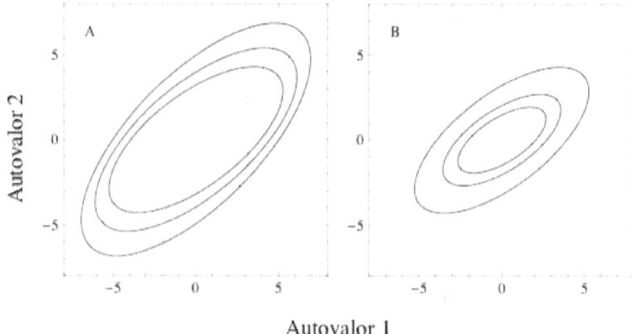

Figura 6: Matrices $\mathscr{G}$ para: (A) distintas intensidades de selección sobre el rasgo focal (de afuera hacia adentro $N\beta_1 = 0.1, 0.5, 1.0$, $N\beta_2 = 0$, y $N\mu = 0.3$); (B) distintas tasas de mutación (de afuera hacia adentro $N\mu = 0.3, 0.1, 0.05$, $N\beta_1 = 1$ y $N\beta_2 = 0$).

sobre el rasgo focal, y la tasa de mutación. En la Figura 6A se comparan las matrices $\mathscr{G}$ para distintas intensidades de selección sobre el rasgo focal. El intensificar la selección reduce las varianzas genéticas, y rota en mayor grado la matriz $\mathscr{G}$. La Figura 6B muestra que al disminuir la tasa de mutación, se reduce la varianza genética. Sin embargo, la mutación tiene poco efecto sobre las correlaciones genéticas.

Selección estabilizadora aparente. Si los efectos pleiotrópicos sobre un locus tienen efectos opuestos sobre dos rasgos, es decir $W = e^{\beta_1 z_1 - \beta_2 z_2}$ ($\beta_i > 0$), la repuesta a la selección es reminiscente a los patrones de la selección estabilizadora (Barton, 1990). Es decir, existe un valor intermedio que tiene mayor *fitness* que valores extremos. La selección en direcciones opuestas conlleva a un equilibrio en donde el aumento del valor medio de un rasgo induce una reducción del valor medio del otro rasgo. Como respuesta, el segundo rasgo tiende a recuperar su valor ya que este también está bajo selección y por tanto induce la reducción del valor del primer rasgo. Por consiguiente, la situación estable es un compromiso entre los valores medios de ambos rasgos.

La Figura 7A muestra una dinámica en donde los rasgos evolucionan a partir de un estado neutral, y se selecciona en sentidos opuestos. Los valores de cada rasgo responden en la dirección en que son seleccionados. Sin embargo, estos alcanzan un equilibrio cuyas esperanzas son menores (en módulo) que las esperanzas de los valores medios de un par de rasgos en condiciones equivalentes, pero sin efectos pleiotrópicos.

En este esquema de selección estabilizadora, la varianza genética disminuye de manera equivalente en ambos rasgos, pero la covarianza permanece relativamente constante (Figura 7B).

En líneas generales, la cantidad de variabilidad que se mantiene por selección estabilizadora aparente es mayor que cuando la selección actúa sólo sobre un rasgo, e incluso más alta que cuando se favorece a ambos rasgos en una dirección común (Figura 8).

Efecto del grado de pleiotropía. En los ejemplos anteriores, se consideró un grado de pleiotropía extremo; es decir, todos los locus contribuyen sobre los dos rasgos. Sin embargo, esto no es necesariamente el caso típico en rasgos cuantitativos. Experimentos de locus de rasgos cuantitativos han demostrado que los locus que afectan distintos rasgos ni son los mismos, ni forman un superconjunto de locus con efectos pleiotrópicos. Es decir, los locus con efectos pleiotrópicos no son necesariamente los mismos que los locus que conforman el rasgo. Por tanto, las observaciones experimentales no aclaran cual es el grado de variación que puede ser inducido por la selección (indirecta o aparentemente estabilizadora) bajo distintos grados de pleiotropía.

Sin embargo, es de esperarse que al disminuir el número de locus pleiotrópicos las covarianzas genéticas disminuyan (Figura 9), y por consiguiente mermen los efectos relacionados a esta covarianza.

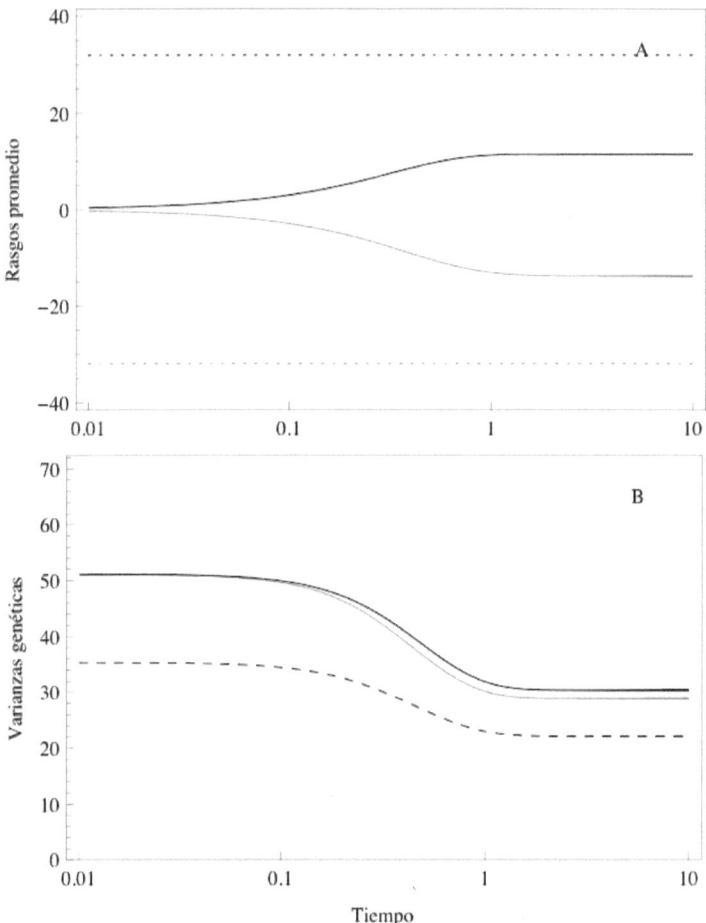

Figura 7: Respuesta de (A) dos rasgos correlacionados genéticamente y (B) sus varianzas genéticas cuando la selección actúa de manera antagónica sobre cada rasgo (líneas negras, $N\beta_1 = 1$, líneas grises $N\beta_2 = -1$). Inicialmente los rasgos son neutrales. $N\mu = 0.3$. Líneas punteadas en A: esperanza de los rasgos en bajo las mismas condiciones de equilibrio, pero en ausencia de pleiotropía. Línea quebrada en B: covarianza genética de los rasgos.

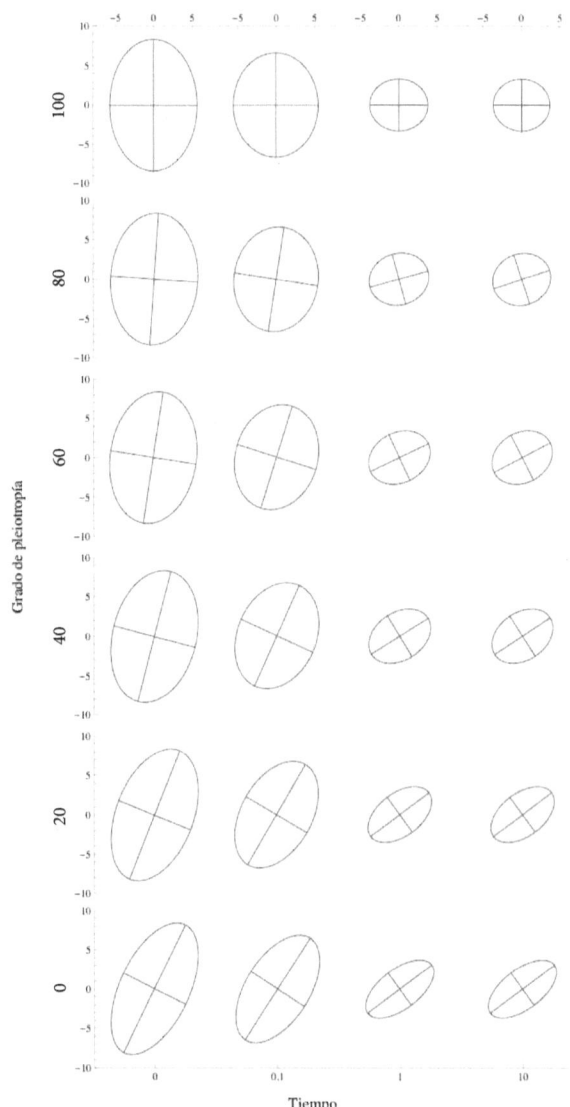

Figura 10: Evolución de matrices $\mathscr{G}$ con distintos grados de pleiotropía. Inicialmente los rasgos están en equilibrio, cuando se seleccionan antagonísticamente. $N\beta_1 = -5, N\beta_2 = 2, N\mu = 0.3$. Los rasgos están compuestos por 100 locus.

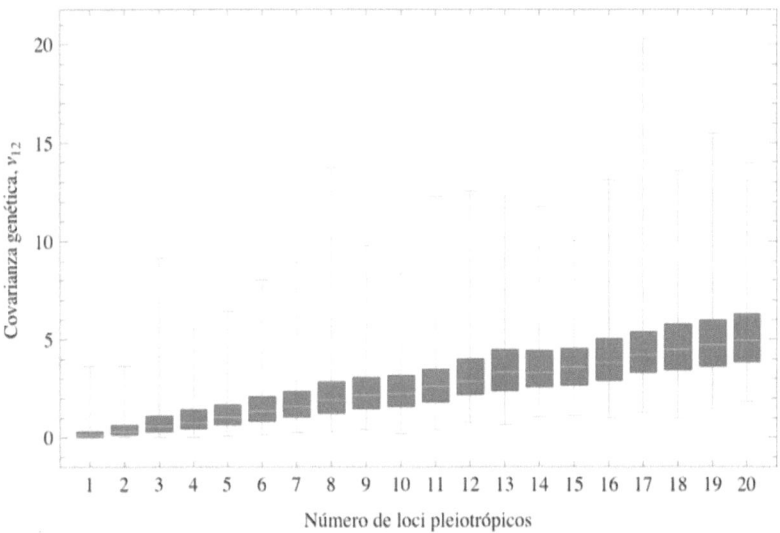

Figura 9: Diagramas de caja de la distribución de covarianzas al aleatorizar los efectos sobre el rasgo, y variar el número de locus pleiotrópicos. $N\beta_1 = 1$, $N\beta_2 = -1$, $N\mu = 0.3$, $n = 20$, $\Gamma = 1$.

raramente estos son identificados y analizados para una población entera a lo largo del tiempo. Además, estas mediciones son de muy poca precisión, al menos desde el punto de vista de la GP (Otto y Jones, 2000). En principio, no podemos saber con suficiente detalle cuántos locus contribuyen para determinar un rasgo (locus de rasgos cuantitativos), con excepción de aquellos que tienen un efecto notable (Barton y Keightley, 2002; Roff, 2007).

Si la base poligénica de un rasgo consistiera de alelos cuyo efecto fuese descriptible mediante una distribución gaussiana (Fisher, 1918; Kimura, 1965), la varianza genética permanecería constante luego de la acción de la selección, mientras esta última sea débil, tal como se ha supuesto en este artículo). Esta condición es satisfecha por infinitos locus de efectos diferenciales, y en equilibrio los rasgos estarían distribuidos de manera normal (Kimura, 1965). Esta fué la base para los trabajos de Lande (1979, 1980) para la evolución de rasgos multivariados, y es una suposición común en trabajos de genética cuantitativa. En general, la selección induce asimetrías en la distribución de frecuencias alélicas y fenotípicas, lo cual a su vez induce cambios en las varianzas y covarianzas genéticas. Si la selección es sostenida, la varianza genética cambiará en el tiempo. Por lo general, ésta es reducida por la selección y por la deriva genética, e incrementada por mutaciones (Barton y Keightley, 2002). La tasa de reducción de la varianza genética es proporcional a la varianza fenotípica (efecto Bulmer Bulmer, 1972), mientras que tasas de mutacion elevadas incrementan la varianza (Kingman, 1978; Turelli, 1984). Pero las mutaciones son más bien poco frecuentes (a una tasa menor que 10^{-3} por locus por generación), por lo que lo que esperaríamos sería que los alelos de efectos favorecidos por la selección eventualmente se fijarían, y la varianza genética sería completamente eliminada (Fisher, 1930; Bulmer, 1972; Kingman, 1978; Turelli, 1984). Es curioso que las predicciones de la tasa de eliminación de la varianza genética para un número finito de alelos, por ejemplo dos (Wright, 1935; Bulmer, 1971), o tres o más (Turelli, 1984), es similar que para infinitos alelos. Por tanto la evolución de varianza genética es robusta al número de alelos que segregan para un rasgo (Turelli, 1984; Barton, 1986), aunque esto es cierto solo por unas cuantas generaciones de selección; a largo plazo, la selección también modifica la varianza genética.

Estos estudios suponen distribuciones particulares de efectos alélicos, por ejemplo gaussiana. En este trabajo se ha empleado una distribución exponencial. ¿Crea esto alguna diferencia? Aunque las conclusiones de los trabajos arriba mencionados suponen selección estabilizadora, los resultados, en general, aplican a selección direccional. Para la selección estabilizadora (gaussiana), el factor más relevante de la distribución de efectos alélicos es su varianza. Bajo selección direccional, la distribución de efectos alélicos es de aún menos relevancia, ya que la ausencia de epistasia implica que solo es

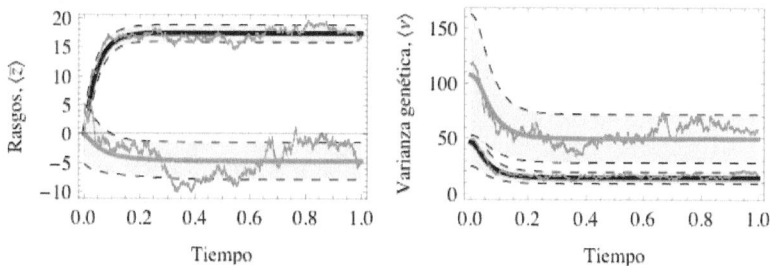

Figura 11: Respuesta de dos rasgos a la selección estabilizadora. En esta Figura se muestran no solo las esperanzas (líneas gruesas), sino también la desviación estándar (sombreado). Las líneas fluctuantes muestran la evolución de una población particular. Este ejemplo es similar al de la Figura 7, pero con una escogencia de presiones selectivas asimétricas, y otra realizaciones independientes de efectos alélicos sobre los rasgos, lo cual relaja las simetrías; $N\beta_1 = 5, N\beta_2 = -2, N\mu = 1$.

necesario fijar aquellos alelos que incrementan el valor del rasgo de interés. Aún si admitiéramos efectos alélicos negativos (como en una distribución gaussiana), el efecto neto de la selección multivariada, o en general bajo efectos pleiotrópicos, sobre un locus sigue siendo una combinación lineal de sus efectos alélicos y las presiones selectivas sobre los rasgos correspondientes. De modo que estos detalles no afectan cualitativamente los resultados expuestos arriba, con una excepción: si es posible tener efectos negativos, existirá un régimen pleiotrópico mixto en donde algunos locus experimentan efectos selectivos antagónicos, y otros locus serán seleccionados en la misma dirección. Pero en promedio, los rasgos siempre estarán comprometidos, y podrán experimentar efectos selectivos aumentados o a paliados debido al pleiotropismo.

Los principios de herencia y variabilidad son biológicamente universales. De modo que el comprender cómo una población responde a la selección artificial, ayuda a entender cómo se mantiene la diversidad fenotípica y la variabilidad genética que se observa en

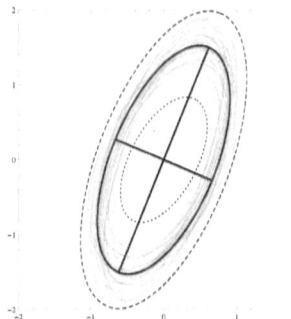

Figura 12: Variabilidad en las matrices $\mathcal{G}$ debido a fluctuaciones por deriva genética. Líneas negras gruesas: esperanza sobre la distribución de frecuencias alélicas; líneas quebradas y punteadas: desviación estándar por encima y por debajo (respectivamente) de la esperanza; líneas delgadas: generadas por un proceso de Wright-Fisher en equilibrio. De resto, como en la Figura 11.

poblaciones naturales. Sin embargo, no resulta obvio cuáles rasgos están bajo selección natural. No obstante, la pregunta de si $\mathcal{G}$ evoluciona o no, está hoy en día obsoleta. Los debates actuales se enfocan en la velocidad y dirección del cambio en el curso de $\mathcal{G}$ en el espacio de rasgos. La respuesta varía dependiendo de la naturaleza biológica de los rasgos. En los varios ejemplos que se han presentado en este artículo, se ha demostrado que la selección y la mutación pueden inducir cambios substanciales en la matriz $\mathcal{G}$. Pero en todos estos ejemplos, hemos considerado únicamente la esperanza mecánico-estadística; naturalmente habrán fluctuaciones debido a la deriva genética. ¿Cómo se verán los rasgos promedio, o las covarianzas genéticas en una población real? Una ventaja de este formalismo, es que podemos evaluar las varianzas sobre estas esperanzas, y a la vez podemos comparar con modelos aleatorios explícitos (modelo de Wright-Fisher o de Moran), como se muestra en la Figura 11. Similarmente, en la representación gráfica de $\mathcal{G}$ es posible ver los efectos de la deriva genética acotados por una unidad de varianza genética (Figura 12). No cabe duda de que en muestreos de campo, el comparar poblaciones resulte en diferencias marcadas de la matriz de covarianzas genéticas.

Por ejemplo, en los análisis de matrices $\mathscr{G}$ en poblaciones de *Rana temporaria* en dos localidades de Noruega, se ha determinado que las dos poblaciones muestran una diferenciación significativa en sus covarianzas (Cano et al., 2004; Palo et al., 2003). Estas diferencias, junto con el hecho de haber encontrado evidencia de selección sobre los rasgos estudiados, conllevaron a la conclusión de que la disimilitud de $\mathscr{G}$ es atribuible a selección natural. Sin embargo, cabe la posibilidad de que tales diferencias sean más bien imputables a la variabilidad por deriva genética (de Vladar, 2009, capítulo 4).

Comentarios Finales

En este capítulo se presentó una formulación mecánico-estadística para hacer frente a varias preguntas importantes en la genética cuantitativa. Las ideas generales introducidas en este capítulo, indican que existen buenas perspectivas para entender el tema de la evolución de la matriz $\mathscr{G}$ y sus consecuencias evolutivas. Aunque en principio este es un enfoque válido, una aplicación a poblaciones naturales es obviamente una cuestión delicada. Hay muchos supuestos que claramente no se cumplen. En este sentido, una de las preocupaciones principales es la de la validez de la superficie adaptativa, ya que se han supuesto representaciones matemáticamente convenientes. A pesar de que cuantitativamente se puede identificar, por ejemplo, si la selección actúa direccionalmente (Hoekstra et al., 2001; Kingsolver et al., 2001), es posible que el efecto neto no pueda ser descrito por efectos aditivos como se ha supuesto en este capítulo (Crow, 2010, aunque aún en tales casos, la epistasia podría no ser relevante).

En principio, con este método podemos describir la evolución a largo plazo, ya que podemos predecir el cambio de las covarianzas genéticas. Sin embargo, es poco probable que la selección actúe de una manera homogénea por las miles de generaciones requeridas para que un desplazamiento de los rasgos lleguen a un equilibrio. En este sentido, incluso si conociéramos los detalles genéticos de un organismo, y su distribución de frecuencias alélicas, la dirección de la evolución sólo será dictada por la acción de la selección. En principio, la inclusión de cambios temporales puede ser incorporada en los cálculos sin ningún problema. Pero el ignorar cómo la selección puede cambiar de dirección en diferentes circunstancias ecológicas, nos impiden a una predicción segura.

Por otro lado, éste marco teórico se puede emplear como un método de análisis comparativo. Esta es una dirección que no se ha desarrollado, y que permanece abierta y prometedora. Comparar distintas poblaciones, empleando la información de las variables macroscópicas, permiten en principio realizar pruebas de hipótesis para determinar e identificar la naturaleza de los procesos selectivos que son potencialmente responsables de la divergencia entre dos o más poblaciones. Esto podría ser una forma de probar estadísticamente ciertos escenarios; pero para ello debemos avanzar primero con otros esquemas, como el de la selección estabilizadora (de Vladar y Barton, 2010).

Agradecimientos. Agradezco al Dr. Tiago Pixao y a dos árbitros anónimos por las discusiones y observaciones sobre el manuscrito. Este proyecto fue inicialmente financiado por la *European Science Foundation: CONGEN, Integrating Population Genetics and Conservation Biology*, y actualmente por el *European Research Council: ERC-2009-AdG Grant for project 250152-SELECTIONINFORMATION*.

Apéndice A: Efectos alélicos empleados en los cálculos. En la Tabla 1 que se presenta a continuación se reportan los valores de γ para cada uno de los 20 locus sobre cada rasgo, empleados en las figuras anteriores. Estos fueron generados a partir de una distribución exponencial ($\bar{\gamma} = 2$, Figura 13). Para facilitar su visualización, para el primer rasgo los efectos han sido ordenados ascendentemente. Los efectos del segundo rasgo son los mismos, pero situados aleatoriamente.

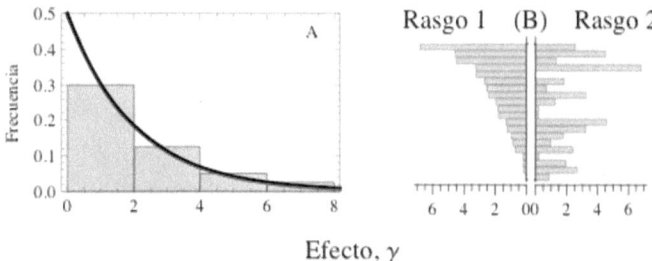

Efecto, γ

Figura 13: Distribución de efectos alélicos empleados en este capítulo. (A) Barras grises: histograma de los efectos γ; línea negra: distribución exponencial. (B) Comparación pareada de los efectos ordenados por locus (el primer locus está en el origen).

Locus	Rasgo		Locus	Rasgo	
	1	2		1	2
1	0,00237842	1,08944	11	1,00799	1,90773
2	0,0675967	0,153225	12	1,08944	5,4553
3	0,143829	5,7328	13	1,10414	1,10414
4	0,153225	0,839161	14	1,28969	1,00799
5	0,168011	1,28969	15	1,70239	0,143829
6	0,195517	0,168011	16	1,90773	0,84643
7	0,214404	1,70239	17	3,55064	0,0675967
8	0,839161	0,996733	18	5,4553	5,60326
9	0,84643	0,195517	19	5,60326	0,00237842
10	0,996733	3,55064	20	5,7328	0,214404

Tabla 1: Efectos alélicos empleados en las simulaciones de este capítulo.

Apéndice B: Función generadora de momentos. Consideremos ahora la constante de normalización $\mathbb{Z}$, la cuál está definida por:

$$\mathbb{Z} = \int \exp[2N\beta \cdot \bar{z} + 2N\mu U]\phi \, dp_1 dp_2 \ldots dp^n \tag{9}$$

Nótese que la cantidad $\log(\mathbb{Z})$ actúa como una función generadora de las esperanzas de los observables en el siguiente sentido. Es decir las derivadas de esta cantidad con respecto a α nos dan $\langle \mathbf{A} \rangle$. Por tanto, si conseguimos una expresión analítica para $\mathbb{Z}$, podemos obtener las esperanzas de los observables. En particular, notemos que

$$\partial_{\alpha_i} \log(\mathbb{Z}) = 2N\langle A_i \rangle \tag{10}$$

$$\partial_{\alpha_i, \alpha_j} \log(\mathbb{Z}) = 4N^2 \mathrm{cov}(A_i, A_j) \, . \tag{11}$$

La resolución de la integral 9 es análoga a la descrita por Barton y de Vladar (2009), por lo cual solamente expongo el resultado (ver Apéndice B).

Ni las esperanzas $\langle \mathbf{A} \rangle$, ni la función generadora $\log(\mathbb{Z})$ dependen de las frecuencias alélicas. Estas son funciones solamente de las fuerzas α y de los efectos γ. Por tanto, hemos promediado sobre la dependencia en las frecuencias alélicas p, que era uno de los problemas planteados. Aunque los predictores en este caso no dependen de las frecuencias alélicas, estos todavía dependen del número total de locus, y de sus efectos sobre el rasgo.

Apéndice C: Esperanzas de las variables macroscópicas.

- Función generadora

$$\mathbb{Z} = \prod_{i}^{n} I_{i+}$$

- Rasgo promedio

$$\langle \bar{\mathbf{z}} \rangle = \sum_{i}^{n} \gamma_i \zeta_i$$

- Covarianza genética de los rasgos

$$\langle v_{QR} \rangle = \mu \sum_i^n \frac{\gamma_{iQ}\gamma_{jR}}{\beta \cdot \gamma_i} \zeta_i$$

- Heterocigocidad logarítmica

$$\langle U \rangle = 2n\left[\Psi(4N\mu) - 2\log(2)\right] + 2\sum_i^n \frac{I'_{i+}}{I_{i+}}$$

- Covarianza genética de la heterocigocida logarítmica

$$\langle H \rangle = n\frac{4N\mu + 1}{4N\mu - 1} + 2\frac{N\beta \cdot \langle \bar{z} \rangle}{(2N\mu + 1)(2N\mu - 1)}$$

donde:

$$I_{i+} = I_{4N\mu+\frac{1}{2}}(2\beta \cdot \gamma_i)$$

e I es la función de Bessel,

$$\zeta_i = \frac{I_{4N\mu+\frac{1}{2}}(2\beta \cdot \gamma_i)}{I_{4N\mu-\frac{1}{2}}(2\beta \cdot \gamma_i)}$$

e

$$I'_{i+} = I_{4N\mu+\frac{1}{2}}(2\beta \cdot \gamma_i)^{(1,0)}$$

es la derivada $\partial I_x(y)/\partial x$.

Referencias

Barton, N. H. (1986). The maintenance of polygenic variation through a balance between mutation and stabilizing selection. *Genetical Research*, 47(3):209–216.

Barton, N. H. (1990). Pleiotropic models of quantitative variation. *Genetics*, 124:773–782.

Barton, N. H. y de Vladar, H. P. (2009). Statistical mechanics and the evolution of polygenic quantitative traits. *Genetics*, 181(3):997–1011.

Barton, N. H. y Keightley, P. D. (2002). Understanding quantitative genetic variation. *Nature Reviews Genetics*, 3(1):11–21.

Barton, N. H. y Turelli, M. (1987). Adaptive landscapes, genetic distance and the evolution of quantitative characters. *Genetical Research*, 49(02):157–173.

Barton, N. H. y Turelli, M. (1989). Evolutionary quantitative genetics: how little do we know? *Annual Review of Genetics*, 23:337–370.

Bulmer, M. (1971). The effect of selection on genetic variability. *American Naturalist*, 105:201–211.

Bulmer, M. (1972). The genetic variability of polygenic characters under optimising selection, mutation and drift. *Genetical Research*, 19:17–25.

Callen, H. B. (1985). *Thermodynamics and an introduction to thermostatics*. John Wiley & Sons.

Cano, J. M., Laurila, A., Palo, J., y Merilä, J. (2004). Population differentiation in G matrix structure due to natural selection in *Rana temporaria*. *Evolution*, 58(9):2013–2020.

Crow, J. F. (2010). On epistasis: why it is unimportant in polygenic directional selection. *Philosophical Transactions of the Royal Society of London B*, 365(1544):1241–1244.

Crow, J. F. y Kimura, M. (1970). *An Introduction to Population Genetics Theory*. Harper & Row, Nueva York.

de Vladar, H. P. (2009). *Variability and stochasticity in the dynamics and genetics of populations*. Tesis de PhD, Universidad de Groningen, Países Bajos.

de Vladar, H. P. y Barton, N. H. (2010). The statistical mechanics of a polygenic character under stabilizing selection, mutation and drift. *Journal of the Royal Society Interface*, 8(58):720–739.

Dudley, J. (2007). From Means to QTL: The Illinois Long-Term Selection Experiment as a Case Study in Quantitative Genetics. *Crop Science*, 47(Supplement 3):S–20.

Ewens, W. J. (1979). *Mathematical Population Genetics*. Springer-Verlag, Berlin.

Fisher, R. A. (1918). The correlation between relatives on the supposition of Mendelian inheritance. *Transactions of the Royal Society of Edinburgh*, 52:399–433.

Fisher, R. A. (1930). The Genetical Theory of Natural Selection. Clarendon Press, Oxford.

Hoekstra, H., Hoekstra, J., Berrigan, D., Vignieri, S., Hoang, A., Hill, C., Beerli, P., y Kingsolver, J. (2001). Strength and tempo of directional selection in the wild. *Proceedings of the National Academy of Science of the USA*, 98(16):9157–9160.

Kimura, M. (1965). A Stochastic Model concerning the Maintenance of Genetic Variability in Quantitative Characters. *Proceedings of the National Academy of Science of the USA*, 54:731–736.

Kimura, M. (1968). Genetic variability maintained in a finite population due to mutational production of neutral and nearly neutral isoalleles. *Genetical Research*, 11(3):247–269.

Kimura, M. y Crow, J. F. (1964). The number of alleles that can be maintained in finite population. *Genetics*, 49(4):725–738.

Kingman, J. F. C. (1978). A Simple Model for the Balance between Selection and Mutation. *Journal of Applied Probability*, 15(1):1–12.

Kingsolver, J., Hoekstra, H., Hoekstra, J., Berrigan, D., Vignieri, S., Hill, C., Hoang, A., Gibert, P., y Beerli, P. (2001). The strength of phenotypic selection in natural populations. *American Naturalist*, 157(3):245–261.

Lande, R. (1979). Quantitative Genetic Analysis of Multivariate Evolution, Applied to Brain-Body Size Allometry. *Evolution*, 33(1):402–416.

Lande, R. (1980). The genetic covariance between characters maintained by pleiotropic mutations. *Genetics*, 94:203–215.

Luria, S. E. y Delbrück, M. (1943). Mutations of bacteria from virus sensitivity to virus resistance. *Genetics*, 28(6):491–511.

Lynch, M. y Walsh, B. (1998). *Genetics and Analysis of Quantitative Traits*. Sinauer Associates, Sunderland.

Orr, H. A. (2005). The genetic theory of adaptation: a brief history. *Nature Reviews Genetics*, 6(2):119–127.

Otto, S. y Jones, C. (2000). Detecting the undetected: Estimating the total number of loci underlying a quantitative trait. *Genetics*, 156(4):2093–2107.

Ovaskainen, O., Cano, J. M., y Merilä, J. (2008). A Bayesian framework for comparative quantitative genetics. *Proceedings of the Royal Society of London B*, 275(1635):669–678.

Palo, J., O'Hara, R., Laugen, A., Laurila, A., Primmer, C., y Merilä, J. (2003). Latitudinal divergence of common frog (*Rana temporaria*) life history traits by natural selection: evidence from a comparison of molecular and quantitative genetic data. *Molecular Ecology*, 12(7):1963–1978.

Roff, D. (2007). A centenial celebration for quantitative genetics. *Evolution*, 61(5):1017–1032.

Steppan, S., Phillips, P., y Houle, D. (2002). Comparative quantitative genetics: evolution of the G matrix. *Trends in Ecology and Evolution*, 17(7):320–327.

Turelli, M. (1984). Heritable genetic variation via mutation-selection balance: Lerch's zeta meets the abdominal bristle. *Theoretical Population Biology*, 25(2):138–193.

Turelli, M. (1988). Phenotypic evolution, constant covariances, and the maintenance of additive variance. *Evolution*, 42(6):1342–1347.

Wright, S. (1931). Evolution in Mendelian populations. *Genetics*, 16:97–159.

Wright, S. (1935). Evolution in populations in approximate equilibrium. *Journal of Genetics*, 30:257–266.

Contacto

HPdV: Center for the Conceptual Foundations of Science. Parmenides Foundation. 36049 Pullach, Alemania.

Harold.Vladar@parmenides-foundation.org

 *Modelos y simulaciones biológicas: ecología y evolución*
Harold P. de Vladar y Roberto Cipriani. (eds.) 2015
Impreso por Createspace. ISBN-13: 978-1516867561 / ISBN-10: 1516867564
https://goo.gl/kVfvnu

Algoritmos evolutivos y gramáticas formales para el problema del plegamiento de las proteínas

Gabi Escuela   Gabriela Ochoa

Siempre habrán preguntas que no han sido contestadas. En general, estas son las preguntas que aún no han sido planteadas.

L. Pauling

Introducción

El problema del plegamiento de las proteínas consiste en derivar la estructura de una proteína a partir de su secuencia de amino ácidos. Este problema se considera entre las mayores preguntas abiertas en investigación en la Biología Computacional; su solución tendría amplias implicaciones prácticas en medicina, desarrollo de medicamentos y biotecnología.

Este capítulo describe un enfoque basado en computación evolutiva que utiliza una representación novedosa del problema, y cuyo estudio fue inicialmente presentado por Escuela (2006). La representación se basa en gramáticas de reescritura, concretamente, los denominados sistemas de Lindenmayer, que fueron inicialmente propuestos como una descripción axiomática del desarrollo biológico.

Antes de presentar el enfoque propuesto, se introducen conceptos básicos de las proteínas y su estructura, y se enuncian los problemas fundamentales del replegado de las proteínas y la predicción de su estructura. Además, se describe un modelo simplificado del replegado conocido como el modelo HP. En este modelo, el problema se formula como un problema de optimización combinatoria, cuyo objetivo es minimizar una función de energía en el espacio de todas las conformaciones posibles. El modelo HP es el enfoque metaheurístico más utilizado en este problema y a pesar de ser una abstracción y simplificación de los sistemas reales, captura adecuadamente los aspectos fundamentales del replegado de las proteínas. Aunque varios enfoques teóricos recientes han propuesto algoritmos de aproximación (Hart e Istrail, 1996; Newman, 2002), estos no han probado ser efectivos para encontrar configuraciones de energía mínima (Lesh et al., 2003). En consecuencia, varios métodos de búsqueda heurística (también llamados metaheurísticas) en particular algoritmos evolutivos, han sido aplicados ampliamente a este problema con resultados promisorios. Se presentará una introducción a este tipo de metodos computacionales; y luego una breve revisión de dichos enfoques aplicados al problema en estudio.

Metaheurísticas y algoritmos evolutivos

Ante el reto de resolver problemas de optimización complejos encontrados frecuentemente en la actualidad, los métodos clásicos enfrentan grandes dificultades. A pesar del rápido progreso tecnológico, la resolución de muchos problemas excede la capacidad de cómputo disponible. Michalewicz y Fogel (2000) mencionan las siguientes razones que explican la dificultad de los problemas del mundo real:

- El número de posibles soluciones en el espacio de búsqueda es tan amplio que hace prohibitivo realizar una búsqueda exhaustiva

- El problema es tan complicado, que para facilitar su resolución se recurre a modelos tan simplificados del problema que cualquier solución resulta esencialmente inútil

- Las soluciones posibles están tan fuertemente restringidas, que construir una solución factible es ya un problema difícil, mas aun hallar una solución óptima.

En consecuencia, aplicaciones de importancia vital en la ciencia, la ingeniería y los negocios, no pueden atacarse con esperanzas de éxito dentro de un horizonte de tiempo razonable, utilizando estas técnicas tradicionales que han sido el foco predominante de la investigación académica en las últimas tres décadas.

Muchos problemas del mundo real pueden reducirse en su esencia a formulaciones abstractas bien conocidas para las cuales el número de soluciones potenciales crece exponencialmente con el número de variables consideradas. A pesar de que para algunos de estos problemas existen métodos exactos cuya complejidad escala linealmente (o al menos polinomialmente) con el número de variables, es ampliamente aceptado que para muchos tipos de problemas, no existen tales algoritmos. En consecuencia, a pesar del incremento gradual en el poder de cómputo, a partir de un cierto tamaño de los problemas, debemos abandonar la búsqueda de soluciones óptimas (comprobables) y encontrar otros métodos para producir buenas soluciones.

Mas allá de los métodos exactos tradicionales, encontramos una clase de métodos de búsqueda conocidos como metaheurísticas, o métodos de búsqueda adaptativos, que pueden considerarse como un conjunto de reglas para decidir qué solución potencial del espacio de búsqueda debe ser subsecuentemente generada y probada en el proceso de búsqueda. (Los términos "problema de búsqueda" y "problema de optimización" se consideran sinónimos en este trabajo. La búsqueda de la mejor solución factible es el "problema de optimización).

Dentro de esta clase de algoritmos encontramos dos tipos principales: los que realizan la búsqueda manteniendo en memoria una única solución al problema, y los que mantienen varias soluciones (o población de soluciones; Talbi, 2009). Dentro del primer tipo, los algoritmos más conocidos son el recocido simulado (del inglés *simulated annealing*) y la búsqueda tabú. Estos métodos comienzan el proceso de búsqueda desde una solución inicial generada de manera aleatoria o utilizando algún otro método de inicialización. Esta solución es posteriormente modificada de manera repetida utilizando los llamados operadores de búsqueda, los cuales alteran componentes de la solución. Aquellos cambios que produzcan una mejora en la solución son mantenidos, mientras que aquellos que producen un deterioro son descartados. El recocido simulado se inspira en una analogía con la Termodinámica: el procedimiento por el cual los líquidos se congelan y cristalizan, o los metales se enfrían y templan. El algoritmo tiene un parámetro llamado temperatura que regula la magnitud de los cambios realizados a la solución. Al inicio del proceso de búsqueda la temperatura tiene un valor alto, lo cual implica que los cambios a la solución son grandes. El valor del parámetro temperatura es reducido gradualmente, por lo que hacia el final del proceso los cambios a la solución son más reducidos. El algoritmo ocasionalmente acepta cambios que deterioran la solución, con el objetivo de escapar los llamados "óptimos locales" y eventualmente alcanzar mejores soluciones. La búsqueda tabú se basa en mantener una memoria o lista de soluciones (lista tabú) previamente visitada. Esta lista permite diversificar la búsqueda, es decir, permite evitar volver a visitar soluciones ya exploradas en el proceso de búsqueda. El algoritmo genera nuevas soluciones utilizando los operadores de búsqueda en la lista tabú, las soluciones previamente almacenadas en la lista son eliminadas luego de cierto número de pasos de búsqueda.

Los algoritmos evolutivos (también llamados algoritmos genéticos; Michalewicz y Fogel, 2000; Eiben y Smith, 2003; Jong, 2006), mantienen una población de soluciones durante el proceso de búsqueda. Existen distintas variaciones de los algoritmos evolutivos. El principio que los unifica es la inspiración en los mecanismos de la genética y la evolución natural. Estos algoritmos, mantienen una población de soluciones potenciales al problema dado, en lugar de proceder de una solución candidata a la siguiente. La habilidad de cada individuo en la población para resolver el problema, se mide de acuerdo a una función de aptitud (*fitness* o función objetivo). Para simular la evolución, la población es sujeta a variación genética por medio de operadores de mutación y recombinación, y supervivencia de los mas aptos (selección) a través de un proceso iterativo que genera soluciones cada vez mejores.

El operador de mutación es en general una alteración aleatoria a un miembro de la población; mientras la recombinación, que es un operador exclusivo de los métodos evolutivos, emula el apareamiento en la naturaleza, donde dos individuos intercambian material genético para producir descendencia. Este intercambio, esta también dirigido por elecciones aleatorias.

Cuando se aplica un algoritmo evolutivo para la resolución de un problema dado, deben definirse dos aspectos principales: (i) la representación o codificación de las soluciones potenciales y (ii) la función de aptitud o función de evaluación. Estos dos elementos constituyen el puente entre el marco del algoritmo y el contexto del problema. Posteriormente deben elegirse los siguientes elementos:

1. Método de selección: cómo realizar la selección de los individuos que sobreviven

2. Operadores de variación: qué operadores de mutación y recombinación utilizar

3. Asignación de los parámetros del algoritmo: cómo asignar los valores de los distintos parámetros evolutivos (tamaño de la población, y tasas de mutación y cruce).

El funcionamiento de los algoritmos evolutivos se fundamenta en la aplicación combinada de la selección y los operadores de variación, la cual conduce a un mejoramiento sucesivo de los valores de la función de evaluación de generación en generación. El criterio de terminación del algoritmo generalmente se basa en un número

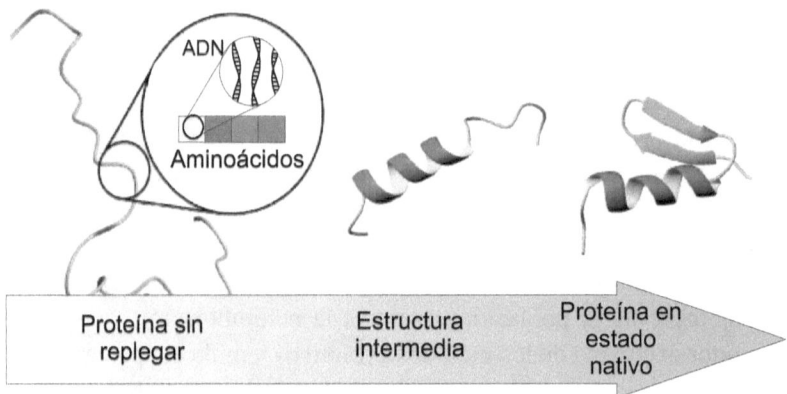

Figura 1: Proceso de plegamiento de las proteínas

máximo pre-fijado de evaluaciones, o cuando no se ha logrado mejorías después de cierto número de iteraciones (generaciones). El éxito del algoritmo depende de la combinación entre la representación, los operadores de variación y los parámetros evolutivos. En este capítulo, los parámetros fueron entonados de manera empírica. Esto es, realizando pruebas preliminares utilizando varios valores alternativos de los principales parámetros y seleccionando aquellos valores que producen mejores resultados. Debido al carácter exploratorio de este estudio, no se utilizaron métodos estadísticos para automatizar este proceso de entonación de los parámetros.

Estructura y plegamiento de las proteínas

Las proteínas son componentes fundamentales las células. Ejemplos comunes son la hemoglobina, responsable del transporte de oxígeno a los tejidos; la insulina, un señalizador para el almacenamiento de azúcar excedente; los anticuerpos que luchan contra las infecciones; la actina y miosina, que son componentes para la dinámica músculr; el colágeno que constituye tendones y ligamentos. Las proteínas están constituidas por la unión, a través de enlaces peptídicos, de componentes más simples: los amino ácidos.

Para adquirir su función biológica, las proteínas se pliegan de manera natural conformando una estructura tridimensional única conocida como su estado *nativo* (Figura 1). En general, se consideran cuatro niveles estructurales para describir las proteínas:

Estructura Primaria: viene determinada por la secuencia de amino ácidos en la cadena protéica, es decir, el número de amino ácidos presentes y el orden en que están enlazados. Como en casi todas las proteínas existen 20 amino ácidos diferentes, el número de estructuras posibles viene dado por 20^l, donde l es la longitud de la cadena. En la naturaleza las longitudes de las proteínas varían en el rango de decenas a miles de amino ácidos.

Estructura Secundaria: se compone de patrones recurrentes y sub-estructuras, principalmente hélices-α, y láminas-β, que están definidas localmente, por lo que puede haber varios motivos secundarios en una misma proteína.

Estructura Terciaria: se refiere a la disposición tridimensional de todos los átomos que componen la proteína. Se constituye de la relación espacial de las estructuras o motivos secundarios entre sí. La estructura terciaria de una proteína es la responsable directa de sus propiedades biológicas, ya que la disposición espacial de los distintos grupos funcionales determina su interacción con los diversos ligandos. Para las proteínas que constan de una sola cadena polipeptídica (carecen de estructura cuaternaria), la estructura terciaria contiene toda la información estructural.

Estructura Cuaternaria Cuando una proteína consta de más de una cadena polipeptídica, se dice que tiene estructura cuaternaria, como es el caso de la hemoglobina.

Cada vez que una proteína es sintetizada en la célula, se repliega sobre sí misma de tal manera que cada uno de los grupos químicos críticos para la funcionalidad de dicha proteína, se configura en un arreglo geométrico preciso. El plegado que asume una proteína es único, no varía; cada ocurrencia de esa proteína particular, se replegará conformando la misma estructura. Determinar el código del plegado, cuál es el mecanismo del plegamiento, e incluso, poder predecir la estructura nativa de las proteínas, son los objetivos del denominado problema del plegamiento de las proteínas (Dill et al., 2008, *protein folding problem*, o PFP) el cual se considera uno de los más importantes enigmas por resolver en las ciencias naturales. En particular, el problema de predicción de la estructura de las proteínas (*protein structure prediction*, o PSP), en el que nos concentramos en este estudio, puede resumirse con la siguiente pregunta: dada la secuencia lineal de amino ácidos que conforma una proteína, cuál es la estructura tridimensional correspondiente?

Modelo HP

El modelo HP (Hidrofóbico-Polar) propuesto por Dill (1985), considera el efecto hidrófobo (repulsión al agua) de los amino ácidos como la fuerza principal que determina el replegado. Así, los 20 amino ácidos existentes en la naturaleza para formar las proteínas son clasificados en dos tipos: hidrofóbicos (H), que tienden a ocupar el centro de la proteína, manteniéndose cerca uno de otro para evitar estar expuestos al agua, y polares o hidrofílicos (P), que son atraídos por el agua y se encuentran frecuentemente en la superficie del replegado. En consecuencia, el conjunto de conformaciones válidas de las proteínas, es el espacio de todos los caminos sin colisiones en un reticulado dado, (por ejemplo: cuadrado, triangular, cúbico, etc.), donde cada aminoácido es ubicado en un punto del reticulado. Las unidades hidrofóbicas que son adyacentes en el reticulado pero no adyacentes en la secuencia (también llamados contactos H-H no

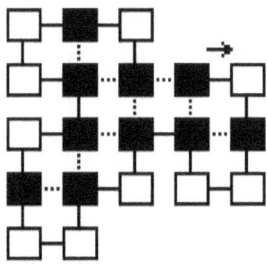

Figura 2: Estructura nativa en el reticulado cuadrado 2D, para la secuencia primaria *HPHPPHHPHPPHPHHPPHPH*. Los cuadros blancos representan amino ácidos polares o *hidrofílicos*, P, mientras que los negros corresponden a los amino ácidos *hidrofóbicos*, H. La flecha indica el punto de comienzo del replegado, y las líneas punteadas los contactos H-H no locales (en este caso 9).

locales) agregan un factor constante (generalmente -1) a la energía de la estructura, y todas las demás interacciones son ignoradas. De manera que el estado nativo de la proteína, se considera como el mínimo global de esta función de energía.

En el modelo HP, las estructuras pueden representarse mediante coordenadas Cartesianas, coordenadas internas, o geometría de distancias. Nos concentramos en este trabajo en las coordenadas internas, las cuales pueden ser absolutas o relativas. Bajo una codificación absoluta, las estructuras se representan mediante una lista de movimientos absolutos. En un reticulado cuadrado en dos dimensiones, por ejemplo, una estructura se codifica como una cadena de símbolos en el alfabeto $\{\mathbf{U}p, \mathbf{D}own, \mathbf{L}eft, \mathbf{R}ight\}$. Cuando se utilizan coordenadas relativas, cada movimiento es interpretado en términos del movimiento previo, como en los gráficos de tortuga LOGO; una estructura se representa como una cadena en el alfabeto $\{\mathbf{F}orward, Turn\mathbf{L}eft, Turn\mathbf{R}ight\}$. La Figura 2 ilustra el replegado óptimo de una proteína ejemplo de longitud 20. La estructura se codifica como *RDDLULDLDL UURULURRD* (en codificación absoluta) o *RFRRLLRLRRFRLLRRFR* (en codificación relativa). El número de contactos $H - H$ no-locales es 9, es decir, que la energía del replegado es -9.

Antecedentes

Los proyectos genómicos han producido gran cantidad de información referente a secuencias de aminoácidos en varios modelos de organismos, pero la comprensión del rol biológico de estas proteínas requerirá el conocimiento de su estructura. A pesar de que existen técnicas empíricas (tales como resonancia magnética, y cristalografía de rayos-X) en cristales de proteínas para deducir su conformación, estos métodos resultan costosos en tiempo y recursos. Los métodos computacionales proporcionan información valiosa para la gran cantidad de secuencias cuya estructura no puede predecirse empíricamente.

Pueden distinguirse dos clases de métodos computacionales para el PSP (Baker y Sali, 2001). La primera clase (por ejemplo, modelaje comparativo y *threading*) se fundamenta en encontrar semejanzas entre la secuencia modelada y otras estructuras conocidas. La segunda clase, agrupa los llamados métodos *de novo* o *ab initio*, que predicen la estructura a partir de la secuencia únicamente sin considerar semejanzas al nivel del replegado entre la secuencia modelada y otras estructuras conocidas. Las metaheurísticas han sido aplicadas ampliamente para la predicción *ab initio*. A continuación se presenta un breve resumen de estos enfoques, específicamente usando el modelo HP.

El trabajo seminal de Unger y Moult (1993), implementa un algoritmo genético (GA) donde sólo las conformaciones factibles (sin colisiones) son permitidas, y donde se incluye además un criterio de aceptación tipo Monte Carlo que dirige los resultados de la mutación y el cruce hacia conformaciones de menor energía. Patton et al. (1995) proponen un GA estándar basado en la penalización de estructuras ilegales (con colisiones) y proponen una nueva representación del problema, reportando mejores soluciones en el mismo conjunto de instancias de prueba estudiadas por Unger y Moult (proteínas de longitud entre 20 y 64 amino ácidos o unidades). En König y Dandekar (1999), los autores proponen un operador de recombinación especial (cruce sistemático) y reportan mejores valores de energía y tiempos de corrida que los enfoques evolutivos previos, utilizando un conjunto de instancias de prueba similares. Krasnogor et al. (1999) estudiaron algunos aspectos relacionados con la codificación del problema y la función de evaluación en un conjunto de instancias de corta longitud (menor a 50 unidades), sus resultados apoyan el uso de coordenadas internas relativas como representación, y sugieren utilizar un esquema de penalización que garantice la factibilidad de las soluciones obtenidas. Mas recientemente, se han propuesto enfoques híbridos que combinan distintas metaheurísticas. Por ejemplo, el algoritmo evolutivo Monte Carlo (Liang y Wong, 2001) combina los principios del recocido simulado y los algoritmos evolutivos; los autores reportan mejores resultados al compararlos con enfoques estándar de estos dos algoritmos usados separadamente, en el mismo conjunto de instancias de prueba. Krasnogor et al. (2002) proponen un algoritmo *memético* (algoritmo evolutivo combinado con una etapa de búsqueda local) y reportan resultados competitivos en instancias de 50 unidades o menos, y prueba ser robusto en dos modelos de replegado: el modelo HP y el modelo Funcional, utilizando retículos de 2 y 3 dimensiones. Lesh et al. (2003) encuentran nuevas configuraciones de energía minima en instancias grandes del problema (proteínas de 64, 85 y 100 unidades) implementando la metaheurística conocida como búsqueda tabú utilizando un conjunto novedoso de transformaciones que ellos denominaron *pull moves*. Finalmente, Cotta (2003) combina un algoritmo evolutivo con la técnica computacional conocida como *backtracking* con resultados limitados.

Figura 3: Imagen de fractal y arbusto generadas con Sistemas-L y ulterior interpretación gráfica.

Representación basada en gramáticas para el PSP

A pesar de la gran cantidad de trabajos que han aplicado metaheurísticas y en particular algoritmos evolutivos para la solución del problema PSP, los éxitos han sido solo parciales y las instancias grandes del problema se resisten a su solución. Una posible causa limitante en estos enfoques es el uso de una codificación o representación directa en coordenadas internas de las soluciones o replegados. Por otro lado, los algoritmos evolutivos han sido aplicados exitosamente en una variedad de problemas de diseño, pero no está claro si la técnica puede escalar a las complejidades de los diseños en el mundo real. Se ha sugerido que un esquema de representación gramatical, basado en reglas de producción que indiquen cómo construir el fenotipo a partir del genotipo (en contraste a una codificación directa del fenotipo) podría lograr un mejor escalamiento al utilizar estructuras jerárquicas y auto-similares (Hornby y Pollack, 2001), y además representaría una codificación más compacta de la solución.

En esta contribución se propone un esquema de codificación novedoso para el PSP basado en sistemas de Lindenmayer (sistemas-L). Otra motivación para esta idea es que la estructura de las proteínas exhibe frecuentemente un alto nivel de regularidad y simetría, incluso comparable a los fractales. Esto es consistente con la naturaleza recursiva de los sistemas-L, donde las reglas de producción generan estructuras modulares y auto-similares.

La sección describe brevemente al formalismo de los sistemas-L. Posteriormente las secciones y describen, respectivamente, la metodología utilizada y resultados obtenidos en este trabajo.

Sistemas de Lindenmayer

Fueron concebidos por el botánico Aristid Lindenmayer en 1968, como una descripción axiomática del desarrollo biológico. Más recientemente, los sistemas-L han encontrado aplicaciones en computación gráfica (Prusinkiewicz y Lindenmayer, 1990), en la generación de fractales y el modelado realista de plantas (Figura 3). La idea central en los sistemas-L es la noción de reescritura, donde se busca definir objetos complejos a través del reemplazo sucesivo de partes de un objeto simple, utilizando un conjunto de reglas de producción. La reescritura puede realizarse de manera recursiva. Los sistemas de reescritura más estudiados y mejor comprendidos, son aquellos que operan en cadenas de caracteres. La diferencia esencial entre las más conocidas gramáticas de Chomsky y los sistemas-L radica en la manera de aplicar las reglas de producción. En las gramáticas de Chomsky las producciones se aplican de manera secuencial, mientras que en los sistemas-L se aplican en paralelo, reemplazando simultáneamente todos los símbolos en una palabra dada. Esta diferencia obedece a la motivación biológica de los sistemas-L donde las reglas de producción capturan la division celular en los organismos multicélulares, donde muchas divisiones ocurren al mismo tiempo.

Los sistemas-L se clasifican en libres de contexto o sensitivos al contexto, según si las reglas de producción se refieren solo a un símbolo individual, o a un símbolo en particular sólo si tiene una determinada vecindad. Los sistemas-L también pueden clasificarse en determinísticos o aleatorios, de acuerdo a si existe sólo una regla de producción para cada símbolo, o existen varias y cada una es seleccionada con una cierta probabilidad durante cada iteración. Finalmente, los sistemas-L pueden ser paramétricos si existen parámetros numéricos asociados con los símbolos o reglas de producción. En este trabajo se utilizaron los sistemas-L más sencillos: determinísticos y libres de contexto (sistemas-D0L). Una extensión del modelo propuesto podría considerar otros tipos de sistemas-L.

Metodología

La intención de este estudio es hacer una prueba de principio, es decir, explorar si una estructura protéica (una proteína replegada en el modelo HP) puede representarse utilizando un sistema de reescritura, específicamente un sistema-L determinístico (una sola regla por símbolo) y libre de contexto (sin considerar la vecindad del símbolo). Para este fin se utilizó un algoritmo evolutivo (Figura 4) como mecanismo de inferencia para obtener o descubrir el sistema-L que capture a una proteína replegada objetivo.

Entonces, dada la estructura terciaria (replegado) objetivo de una proteína representada en coordenadas relativas (entrada), el algoritmo evolutivo producirá un sistema-L (salida) que después de ser derivado producirá una cadena que coincida lo más cercanamente posible con la estructura original. Como alfabeto de los sistemas-L, se consideraron los símbolos terminales $\{Forward, TurnLeft, TurnRight\}$, tal como fueron especificados en la página para indicar movimientos relativos; y dígitos como símbolos no terminales (es decir, símbolos que son sustituídos por las

```
begin
  INICIALIZAR la población con soluciones candidatas aleatorias;
  EVALUAR cada candidato;
  repeat until (CONDICIÓN DE TERMINACIÓN se satisfaga) do
    1 SELECCIONAR padres;
    2 RECOMBINAR pares de padres;
    3 MUTAR los descendientes resultantes;
    4 EVALUAR los nuevos candidatos;
    5 SELECCIONAR los individuos para la próxima generación;
  od
end
```

Figura 4: Pseudocódigo del esquema general de un algoritmo evolutivo. En este caso, EVALUAR consiste en un proceso de derivación en el que primero se obtiene el fenotipo a partir del genotipo, según las reglas de producción del sistema-L, y luego se calcula la función objetivo para el fenotipo obtenido.

reglas numéricas correspondientes en los procesos de derivación). Como lo indica la Figura 5, cada individuo en la población es un sistema-L constituído por un axioma (que representa la cadena inicial) y un número pre-fijado de reglas de producción cuya longitud es variable. Para la evolución se establecieron parámetros que controlan las longitudes máximas del axioma y las reglas de producción, a fin de limitar el espacio de búsqueda. Estas longitudes, así como el número de reglas de producción, dependen de la longitud de la instancia en consideración.

En un primer enfoque al problema (Escuela et al., 2005) tanto el axioma como todas las reglas de producción están sujetas al proceso de búsqueda evolutivo. Esto significa que los operadores de recombinación y mutación (por ejemplo, insertar, modificar o eliminar un símbolo) fueron aplicados al axioma y a todas las reglas del sistema-L. Posteriormente, se consideró la idea de incorporar conocimiento del problema en la forma de reglas de producción predefinidas.

Trabajos previos que han utilizado algoritmos evolutivos como mecanismo de inferencia para descubrir sistemas-L que capturen, por

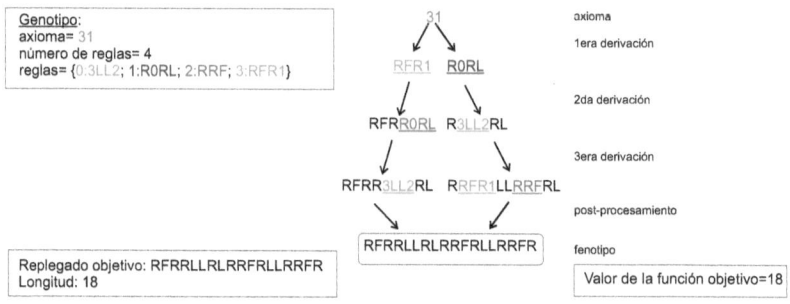

Figura 5: Representación genética de un individuo y proceso de generación del fenotipo. Comenzando con el axioma, en cada proceso de derivación cada símbolo no terminal es reemplazado por la regla correspondiente. Cuando el número de símbolos terminales es igual o mayor al replegado objetivo, se detiene el proceso de desarrollo (derivación) y se realiza una fase de post-procesamiento que elimina los símbolos no terminales y los que están al final de la cadena en exceso. En este ejemplo, el fenotipo obtenido coincide exactamente con el replegado objetivo, de manera que el valor de aptitud del individuo es igual a la longitud del replegado. La interpretación gráfica de este fenotipo es la ilustrada en la Figura 2. Este sistema-L es una de las soluciones de la instancia Ins20a utilizada en los experimentos.

un lado, esquemas de ramificación de los vasos sanguíneos oculares (Kókai et al., 1999), y por el otro, el proceso de crecimiento de las plantas (Costa y Landry, 2005), han tenido que recurrir a conocimiento del domino para mejorar el desempeño del algoritmo. En ambos casos, este conocimiento fue incorporado en la forma de reglas de producción predefinidas que capturan aspectos relevantes en cada contexto. Por otro lado, enfoques evolutivos al PSP en la literatura, han utilizado conocimiento acerca de la estructura secundaria de las proteínas con el objetivo de mejorar el desempeño del algoritmo en instancias largas (Liang y Wong, 2001; Lesh et al., 2003). La evidencia sugiere, entonces, que la incorporación de conocimiento del dominio en la forma de reglas predefinidas que capturen las estructuras secundarias mejor conocidas: hélices-α y láminas-β, podría tener un impacto positivo en el desempeño del algoritmo evolutivo como mecanismo de inferencia. Nuestra

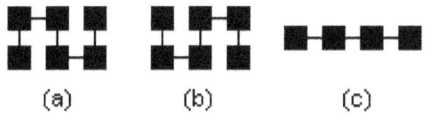

(a)   (b)   (c)

Figura 6: Estructuras secundarias incorporadas como reglas predefinidas en la codificación: (a) α-hélice orientada a la derecha, α_0 : *RRLL*; (b) α-hélice orientada a la izquierda α_1 : *LLRR*, (c) hebra -β

Instancia	Long. replegado	Éxitos	*LongA*	*NumR*	*MaxLR*
Ins20a	18	19/50	3	4	5
Ins20b	18	24/50	3	4	5
Ins20c	18	6/50	3	4	5
Ins24	22	5/50	3	5	5

Tabla 1: Resultados obtenidos de 50 corridas para algunas instancias. Éxitos indica el número de veces que el algoritmo encontró exactamente el replegado objetivo, *LongA* indica la longitud del axioma, *NumR* el número de reglas permitido y *MaxLR* la longitud máxima de las reglas

propuesta inicial (Ochoa et al., 2005; Escuela et al., 2005) es, entonces, extendida incorporando reglas predefinidas que capturan las mencionadas estructuras secundarias (Figura 6). Estas reglas fueron agregadas directamente en cada sistema-L al generar la población inicial y no fueron sometidas a modificaciones por parte de los operadores de variación durante el proceso evolutivo.

Resultados

Para probar el modelo, se tomaron instancias de proteínas de longitudes entre 20 y 36 amino ácidos, usadas en trabajos anteriores relacionados con el problema de predicción de la estructura terciaria (Unger y Moult, 1993; Liang y Wong, 2001). La Figura 7 muestra algunas de ellas.

Solución	Axioma	Reglas
1	212	0:FR1L; 1:RLLR; 2:R03; 3:22F
2	R11	0:1F1RL; 1:FR3R; 2:L22R0; 3:R2LR
3	02R	0:RF; 1:1LR; 2:R3; 3:RL103
4	100	0:3LLR; 1:32LR1; 2:RL3; 3:RF0R
5	2RF	0:32002; 1:LR; 2:R012; 3:FR2LL
6	RF3	0:R1RF; 1:LR; 2:302R; 3:2RLL
7	022	0:2RLL1; 1:RL2R; 2:RF0R; 3:1L1
8	R2R	0:10R; 1:R0LL3; 2:F1RR2; 3:0RL
9	R20	0:LR3; 1:R1L1; 2:F1R3; 3:RF1
10	1L3	0:RLLR; 1:3LR2L; 2:3FR; 3:R20

Tabla 2: Resultados para el replegado de Ins20a

La Tabla 1 muestra el número de éxitos obtenidos para cada instancia, así como los parámetros asociados a la codificación del sistema-D0L utilizado. En los experimentos pudo observarse que en las instancias de mayor longitud, el algoritmo evolutivo presenta un menor desempeño, debido a la complejidad creciente del problema. Sin embargo, es de hacer notar que incluso, entre instancias de igual longitud (Ins20a, Ins20b, Ins20c), el comportamiento del algoritmo difiere significativamente, debido probablemente a que algunas instancias muestran un menor grado de modularidad, por lo que son más difíciles de captar a través de un sistema-L.

La Tabla 2 contiene, a manera de ejemplo, la descripción de algunos sistemas-L resultantes de las corridas con una de las instancias, que representan exactamente el replegado objetivo.

Posteriormente, se realizaron experimentos bajo las mismas condiciones, pero usando adicionalmente las reglas prefijadas mostradas en la Figura 6. La Tabla 3 muestra una comparación del número de corridas exitosas obtenidas. Esta Tabla también resume las estructuras secundarias presentes en cada instancia. Se pudo

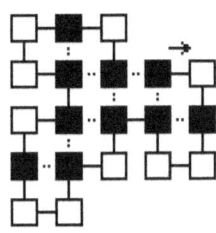

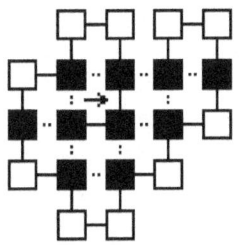

Instancia: Ins20a

Seq.: HPHPPHHPHPPHPHHPPHPH

Aminoácidos: 20 = 10 H's y 10 P's

Replegado: RFRRLLRLRRFRLLRRFR

Longitud Replegado: 18

Energía: -9

Instancia: Ins20b

Seq.: HHHPPHPHPHPPHPHPHPPH

Aminoácidos: 20 = 10 H's y 10 P's

Replegado: LFLLRLFLRLLRLRLFLL

Longitud Replegado: 18

Energía: -10

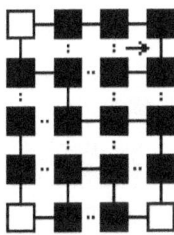

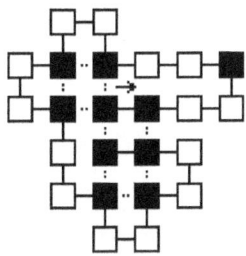

Instancia: Ins20c

Seq.: HHHHHPHHHHHHPHHHHPHH

Aminoácidos: 20 = 17 H's y 3 P's

Replegado: LLFFLLRLFRFRRLLRRF

Longitud Replegado: 18

Energía: -12

Instancia: Ins24

Seq.: HHPPHPPHPPHPPHPPHPPHPPHH

Aminoácidos: 24 = 10 H's y 14 P's

Replegado: FFLLFFRLLRLLRFLRLLRLLF

Longitud Replegado: 22

Energía: -9

Figura 7: Detalle de las instancias Ins20a, Ins20b, Ins20c e Ins24

observar que para las instancias en las que están presentes las estructuras secundarias la nueva codificación produce, en la mayoría de los casos, una número superior de éxitos. Para dos instancias Ins36a e Ins36c, los resultados son similares, sin embargo, al graficar el comportamiento promedio del mejor individuo a través de las generaciones, para ambas instancias (ver Figura 8) se puede notar un mejor desempeño en promedio del modelo con conocimiento agregado.

De aquí, puede obtenerse evidencia que sugiere que incorporar conocimiento acerca del dominio en la forma de reglas prediseñadas que capturen las subestructuras secundarias, podría mejorar el desempeño, debido a que las mismas pueden verse como los bloques de construcción de las proteínas, por su grado significativo de arquitectura modular.

Discusión

Los experimentos realizados aplicando el modelo propuesto basado en los Sistemas-L, permitieron comprobar que esta codificación puede utilizarse para representar genéticamente proteínas replegadas según el modelo HP en un algoritmo evolutivo para instancias de longitud ≤ 36. Nótese que el algoritmo utilizado permite la construcción de soluciones no válidas, incluso soluciones de menor longitud que la del replegado objetivo. Por otra parte, la función de aptitud, aun siendo considerablemente restrictiva (el replegado candidato debe coincidir exactamente con el original), permite la obtención del óptimo en algunas corridas. Para el modelo con conocimiento agregado, se demostró que la introducción de reglas prefijadas que representan las estructuras secundarias presentes en las proteínas, permite mejorar el desempeño del algoritmo. De acuerdo a las características propias de la instancia HP, como la presencia de estructuras secundarias, simetría, etc., los resultados del algoritmo pueden verse afectados.

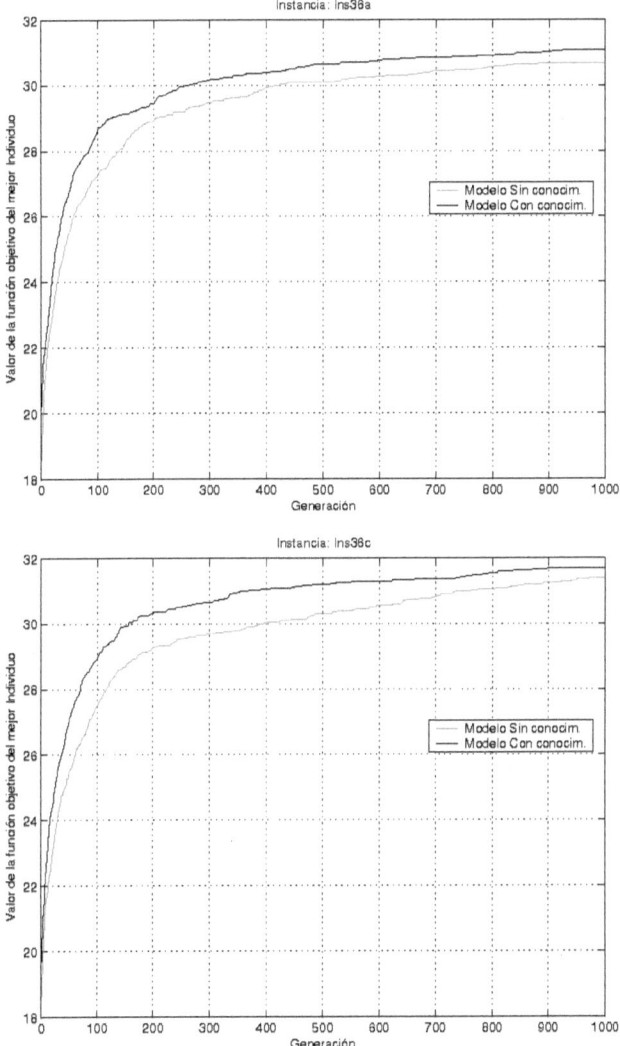

Figura 8: Evolución del mejor individuo a través de las generaciones para la instancias Ins36a e Ins36c aplicando los modelos sin y con conocimiento.

Instancia	Estructura Secundaria	Modelo sin conocimiento	Modelo con conocimiento
Ins20a	α_0, α_1	19/50	**27/50**
Ins20b	No tiene	24/50	8/50
Ins20c	α_0 rep.	6/50	**7/50**
Ins24	No tiene	5/50	0/50
Ins25	No tiene	4/50	1/50
Ins36a	$2 \times \alpha_0$, α_0 rep., α_1 rep.	2/50	2/50
Ins36b	$2 \times \alpha_1$ rep.	4/50	**7/50**
Ins36c	α_0 rep., α_0	3/50	2/50

Tabla 3: Comparación del número de corridas exitosas usando el modelo de reglas libres y el modelo con conocimiento agregado en forma de 2 reglas fijas. Se indican las estructuras secundarias α_0 y α_1 presentes, "rep." indica que el módulo se repite más de 1 vez.

Referencias

Baker, D. y Sali, A. (2001). Protein structure prediction and structural genomics. *Science*, 294:93–96.

Costa, L. D. y Landry, J.-A. (2005). Generating grammatical plant models with genetic algorithms. En *Proceedings of the 7th International Conference on Adaptive and Natural Computing Algorithms (ICANNGA)*, LNCS. Springer-Verlag.

Cotta, C. (2003). Protein structure prediction using evolutionary algorithms hybridized with backtracking. *Artificial Neural Nets Problem Solving Methods*, pp. 1044–1044.

Dill, K., Ozkan, S., Shell, M., y Weikl, T. (2008). The protein folding problem. *Annual Review of Biophysics*, 37:289–316.

Dill, K. A. (1985). Theory for the folding and stability of globular proteins. *Biochemistry*, 24:1501.

Eiben, A. E. y Smith, J. E. (2003). *Introduction to evolutionary computing*. Springer-Verlag.

Escuela, G. (2006). Algoritmos evolutivos con representación basada en sistemas-l para el problema del replegado de las proteínas. Tesis de Maestría, Universidad Simón Bolívar, Caracas.

Escuela, G., Ochoa, G., y Krasnogor, N. (2005). Evolving L-systems to capture protein structure native conformations. En *Proceedings of the 8th European Conference on Genetic Programming*, volumen 3447 de *Lecture Notes in Computer Science*, pp. 73–83. Springer.

Hart, W. e Istrail, S. (1996). Fast protein folding in the hydrophobic–hydrophillic model within three–eights of optimal. *Journal of Computational Biology*, 3(1):53–96.

Hornby, G. y Pollack, J. (2001). The advantages of generative grammatical encodings for physical design. En *Proceedings of the 2001 Congress on Evolutionary Computation CEC2001*, pp. 600–607. IEEE Press.

Jong, K. D. (2006). *Evolutionary Computation: A Unified Approach*. MIT Press, Boston.

Kókai, G., Tóth, Z., y Ványi, R. (1999). Modelling blood vessels of the eye with parametric L-systems using evolutionary algorithms. En *Proceedings of the Joint European Conference on Artificial Intellingence in Medicine and Medical Decision Making (AIMDM-99)*, volumen 1620 de *LNAI*, pp. 433–442, Berlin. Springer.

König, R. y Dandekar, T. (1999). Improving genetic algorithms for protein folding simulations by systematic crossover. *BioSystems*, 50:17–25.

Krasnogor, N., Blackburne, B. P., Burke, E. K., y Hirst, J. D. (2002). Multimeme algorithms for protein structure prediction. *Lecture Notes in Computer Science*, 2439:769–779.

Krasnogor, N., Hart, W., Smith, J., y Pelta, D. (1999). Protein structure prediction with evolutionary algorithms. En Banzhaf, W., Daida, J., Eiben, A., Garzon, M., Honavar, V., Jakiela, M., y Smith, R., editores, *Proceedings of the Genetic and Evolutionary Computation Conference*, volumen 2, pp. 1596–1601, Orlando, FL. Morgan Kaufmann.

Lesh, N., Mitzenmacher, M., y Whitesides, S. (2003). A complete and effective move set for simplified protein folding. En *Proceedings 7h Annual International Conference on Research in Computational Molecular Biology (RECMB)*.

Liang, F. y Wong, W. (2001). Evolutionary monte carlo for protein folding simulations. *Journal of Chemical Physics*, 115(7):3374–3380.

Michalewicz, Z. y Fogel, D. (2000). *How to Solve It: Modern Heuristics*. Springer, Berlin.

Newman, A. (2002). A new algorithm for protein folding in the HP model. En *Proceedings of the 13th Annual ACM-SIAM Symposium On Discrete Mathematics (SODA-02)*, pp. 876–884, Nueva York. ACM Press.

Ochoa, G., Escuela, G., y Krasnogor, N. (2005). Incorporating knowledge of secondary structures in a l-system-based encoding for protein folding. En *Proceedings of the International Conference on Artificial Evolution (EA-05)*, volumen 3871 de *Lecture Notes in Computer Science*, pp. 247–258. Springer.

Patton, A., III, W. P., y Goodman, E. (1995). A standard ga approach to native protein conformation prediction. En Eshelman, L. J., editor, *Proceedings of the 6th International Conference on Genetic Algorithms, Pittsburgh, PA, USA*, pp. 574–581. Morgan Kaufmann.

Prusinkiewicz, P. y Lindenmayer, A. (1990). *The algorithmic beauty of plants*. Springer, Nueva York.

Talbi, E. (2009). *Metaheuristics: from design to implementation*. Wiley.

Unger, I. y Moult, J. (1993). Genetic algorithms for protein folding simulations. *Journal of Molecular Biology*, 1(231):75–81.

Contactos

GE: División de Ciencias Físicas y Matemáticas. Universidad Simón Bolívar. Caracas, Venezuela.
gabiescuela@gmail.com

GO: Computing Science and Mathematics. University of Stirling. Escocia, Reino Unido.
gabriela.ochoa@cs.stir.ac.uk

www.ingramcontent.com/pod-product-compliance
Lightning Source LLC
Chambersburg PA
CBHW021403170526
45164CB00002B/487